软件测试教程
（第3版）

杜文洁　王　伟　编著

清华大学出版社

北京

内 容 简 介

本书系统地介绍了软件测试的基础知识及相关实用技术。全书内容包括软件测试概述、软件测试基础、软件测试的执行阶段、软件测试计划与文档、软件自动化测试、软件测试管理、软件测试职业、黑盒测试实例设计、白盒测试实例设计、Web 测试、Rational 测试工具及实例分析。本书通过理论与实践相结合的方法,力求使软件测试初学者可以在短时间内掌握软件测试的核心内容,为进一步适应高级软件测试工作打下坚实的基础。

本书可作为高等院校相关专业软件测试课程的教材或教学参考用书,也可供从事软件开发和软件测试工作的技术人员参阅。

本书封面贴有清华大学出版社防伪标签,无标签者不得销售。
版权所有,侵权必究。举报:010-62782989,beiqinquan@tup.tsinghua.edu.cn。

图书在版编目(CIP)数据

软件测试教程/杜文洁,王伟编著. —3 版. —北京:清华大学出版社,2022.1
ISBN 978-7-302-54449-4

Ⅰ. ①软… Ⅱ. ①杜… ②王… Ⅲ. ①软件－测试－高等职业教育－教材 Ⅳ. ①TP311.55

中国版本图书馆 CIP 数据核字(2019)第 265374 号

责任编辑:颜廷芳
封面设计:常雪影
责任校对:袁 芳
责任印制:宋 林

出版发行:清华大学出版社
网 址:http://www.tup.com.cn,http://www.wqbook.com
地 址:北京清华大学学研大厦 A 座   邮 编:100084
社 总 机:010-62770175   邮 购:010-62786544
投稿与读者服务:010-62776969,c-service@tup.tsinghua.edu.cn
质量反馈:010-62772015,zhiliang@tup.tsinghua.edu.cn
课件下载:http://www.tup.com.cn,010-83470410

印 装 者:三河市君旺印务有限公司
经 销:全国新华书店
开 本:185mm×260mm   印 张:15.5   字 数:356 千字
版 次:2008 年 4 月第 1 版   2022 年 1 月第 3 版   印 次:2022 年 1 月第 1 次印刷
定 价:49.00 元

产品编号:086279-01

前 言

随着软件行业的高速发展,以及人们对软件工程的深入研究,越来越多的人认识到软件测试对提高软件质量具有重要作用。近年来,国内的软件测试技术日益完善和成熟,市场对软件测试人才的需求量日益增大。为此,在听取行业专家意见的基础上,结合各高等院校软件测试课程的实际教学情况编写此书。

本书内容由浅入深、层层推进,主要面向软件行业初学者及有一定专业知识的读者。本书在框架安排上遵循系统化和简明化的原则,语言表述通俗易懂,实例丰富实用,使读者能够将理论知识与实际应用充分结合。

本书的目标是让读者能够针对具体测试对象,形成一个有效的测试方案,从而达到最佳完成软件测试任务的目的。本书从软件测试的理论介绍,到软件测试的深入提高,再到测试技术的实战应用,逻辑清晰、结构科学,达到即学即用、即用即会的效果。本着理论"必需""够用"的原则,全书突出实用性、操作性,注重理论联系实际,优化理论知识体系;全书始终把握"实用"这一主线,结合具体实例,以应用为目的,遵循优化结构、精选内容、突出重点和提高质量的原则,加强对读者软件测试技术应用意识的培养。

本书分为 3 部分,共 11 章,系统地介绍了软件测试的主要内容,具体如下。

第 1 部分　软件测试入门(第 1、2 章)

(1) 软件测试概述:介绍了软件测试背景、软件测试的基本理论以及软件测试与软件开发。

(2) 软件测试基础:介绍了软件测试分类以及软件测试过程模型。

第 2 部分　软件测试提高(第 3~7 章)

(1) 软件测试的执行阶段:介绍了软件测试过程、单元测试、集成测试、确认测试、系统测试、验收测试以及回归测试。

(2) 软件测试计划与文档:介绍了测试计划、测试文档、测试用例的设计以及测试总结报告。

(3) 软件自动化测试:介绍了软件自动化测试概述、自动化测试的策略与运用和常用自动化测试工具。

(4) 软件测试管理:介绍了软件质量管理、软件配置管理和测试结束的原则。

(5) 软件测试职业:介绍了软件测试职业和职位、软件测试资源的获取途径以及软件测试工程师的素质要求。

第3部分　软件测试实战(第8～11章)

(1) 黑盒测试实例设计：介绍了等价类划分法、边界值分析法、决策表法、因果图法、错误推测法以及黑盒测试综合用例。

(2) 白盒测试实例设计：介绍了逻辑覆盖测试、路径分析测试、其他白盒测试方法以及白盒测试综合用例。

(3) Web测试：介绍了Web测试概述、功能测试、性能测试、安全性测试、可用性/可靠性测试、配置和兼容性测试以及数据库测试。

(4) Rational测试工具及实例分析：介绍了Rational测试解决方案、Rational测试工具以及Rational测试实例分析。

本书由杜文洁、王伟、周圆圆、田伟娜、王占军、王若鹏等共同编著完成。

由于编著者水平有限，书中难免有不足之处，诚恳期待读者的批评指正，以使本书日臻完善。

编著者

2021年10月

目 录

第 1 部分 软件测试入门

第 1 章 软件测试概述 ………………………………………………………………… 3
- 1.1 软件测试背景 …………………………………………………………………… 3
  - 1.1.1 软件缺陷 ………………………………………………………………… 3
  - 1.1.2 软件测试技术的发展历史和现状 ……………………………………… 8
- 1.2 软件测试的基本理论 …………………………………………………………… 9
  - 1.2.1 软件测试定义和目标 …………………………………………………… 9
  - 1.2.2 软件测试标准 …………………………………………………………… 10
  - 1.2.3 软件测试原则 …………………………………………………………… 11
- 1.3 软件测试与软件开发 …………………………………………………………… 12
- 小结 ………………………………………………………………………………… 14
- 习题 ………………………………………………………………………………… 14

第 2 章 软件测试基础 ………………………………………………………………… 15
- 2.1 软件测试分类 …………………………………………………………………… 15
  - 2.1.1 静态测试与动态测试 …………………………………………………… 16
  - 2.1.2 黑盒测试与白盒测试 …………………………………………………… 19
  - 2.1.3 功能测试与非功能测试 ………………………………………………… 22
- 2.2 软件测试过程模型 ……………………………………………………………… 23
  - 2.2.1 V 模型 …………………………………………………………………… 23
  - 2.2.2 W 模型 …………………………………………………………………… 24
  - 2.2.3 H 模型 …………………………………………………………………… 25
  - 2.2.4 X 模型 …………………………………………………………………… 25
  - 2.2.5 前置测试模型 …………………………………………………………… 26
- 小结 ………………………………………………………………………………… 27
- 习题 ………………………………………………………………………………… 27

第 2 部分 软件测试提高

第 3 章 软件测试的执行阶段 … 31

- 3.1 软件测试过程 … 31
- 3.2 单元测试 … 32
- 3.3 集成测试 … 35
- 3.4 确认测试 … 40
- 3.5 系统测试 … 42
- 3.6 验收测试 … 47
- 3.7 回归测试 … 51
- 小结 … 54
- 习题 … 54

第 4 章 软件测试计划与文档 … 55

- 4.1 测试计划 … 55
  - 4.1.1 测试计划的定义 … 55
  - 4.1.2 测试计划的目的和作用 … 55
  - 4.1.3 测试计划书 … 55
  - 4.1.4 测试计划的内容 … 56
  - 4.1.5 测试计划的制订 … 57
  - 4.1.6 软件开发、软件测试与测试计划的关系 … 58
- 4.2 测试文档 … 59
  - 4.2.1 测试文档的定义 … 59
  - 4.2.2 测试文档的重要性 … 59
  - 4.2.3 测试文档的内容 … 60
  - 4.2.4 软件生存周期各阶段的测试任务与可交付的文档 … 61
- 4.3 测试用例的设计 … 62
- 4.4 测试总结报告 … 63
- 小结 … 64
- 习题 … 65

第 5 章 软件自动化测试 … 66

- 5.1 软件自动化测试概述 … 66
  - 5.1.1 自动化测试的定义及发展简史 … 67
  - 5.1.2 软件测试自动化的误区 … 67
  - 5.1.3 不适合测试自动化的情况 … 69
  - 5.1.4 国内软件自动化测试实施现状分析 … 69

5.1.5 软件测试自动化的引入条件 ………………………………………… 70
　5.2 自动化测试的策略与运用 …………………………………………………… 72
　　　5.2.1 自动化测试策略 ……………………………………………………… 72
　　　5.2.2 自动测试的运用步骤 ………………………………………………… 72
　　　5.2.3 测试工具的运用及作用 ……………………………………………… 77
　5.3 常用自动化测试工具 ………………………………………………………… 82
　　　5.3.1 功能测试类 …………………………………………………………… 83
　　　5.3.2 性能/负载/压力测试类 ……………………………………………… 83
　　　5.3.3 测试管理工具 ………………………………………………………… 85
　小结 …………………………………………………………………………………… 85
　习题 …………………………………………………………………………………… 85

第6章 软件测试管理 ……………………………………………………………… 86

　6.1 软件质量管理 ………………………………………………………………… 86
　　　6.1.1 软件质量管理特性 …………………………………………………… 86
　　　6.1.2 软件质量标准与管理体系 …………………………………………… 89
　6.2 软件配置管理 ………………………………………………………………… 91
　　　6.2.1 软件配置管理的作用 ………………………………………………… 91
　　　6.2.2 软件配置管理的重点工作 …………………………………………… 92
　　　6.2.3 软件配置管理的流程 ………………………………………………… 93
　　　6.2.4 软件配置管理的误区 ………………………………………………… 94
　6.3 测试结束的原则 ……………………………………………………………… 95
　小结 …………………………………………………………………………………… 97
　习题 …………………………………………………………………………………… 97

第7章 软件测试职业 ……………………………………………………………… 98

　7.1 软件测试职业和职位 ………………………………………………………… 98
　　　7.1.1 测试团队的基本构成 ………………………………………………… 99
　　　7.1.2 测试人员职位及其责任 ……………………………………………… 99
　7.2 软件测试资源的获取途径 …………………………………………………… 102
　　　7.2.1 正规的培训会议 ……………………………………………………… 102
　　　7.2.2 相关的网络 …………………………………………………………… 102
　　　7.2.3 从事软件测试的专业组织 …………………………………………… 103
　7.3 软件测试工程师的素质要求 ………………………………………………… 103
　小结 …………………………………………………………………………………… 104
　习题 …………………………………………………………………………………… 105

第 3 部分 软件测试实战

第 8 章 黑盒测试实例设计 … 109

8.1 等价类划分法 … 109
8.1.1 等价类划分法概述 … 109
8.1.2 常见等价类划分形式 … 111

8.2 边界值分析法 … 113
8.2.1 边界值分析法概述 … 113
8.2.2 边界条件与次边界条件 … 114
8.2.3 边界值分析法测试用例 … 115

8.3 决策表法 … 116
8.3.1 决策表法概述 … 116
8.3.2 决策表法的应用 … 117

8.4 因果图法 … 119
8.4.1 因果图法概述 … 119
8.4.2 因果图法测试用例 … 121

8.5 错误推测法 … 123

8.6 黑盒测试综合用例 … 123
8.6.1 等价类划分法设计测试用例 … 124
8.6.2 边界值分析法设计测试用例 … 126
8.6.3 决策表法设计测试用例 … 127

小结 … 129
习题 … 130

第 9 章 白盒测试实例设计 … 131

9.1 逻辑覆盖测试 … 131
9.1.1 语句覆盖 … 131
9.1.2 判断覆盖 … 132
9.1.3 条件覆盖 … 133
9.1.4 判断/条件覆盖 … 134
9.1.5 条件组合覆盖 … 135
9.1.6 路径覆盖 … 136

9.2 路径分析测试 … 136
9.2.1 控制流图 … 136
9.2.2 独立路径测试 … 138
9.2.3 Z 路径覆盖测试 … 140

9.3 其他白盒测试方法 … 142

9.3.1 循环测试 …………………………………………………………… 142
9.3.2 变异测试 …………………………………………………………… 143
9.3.3 程序插装 …………………………………………………………… 144
9.4 白盒测试综合用例 ………………………………………………………… 144
小结 ……………………………………………………………………………… 147
习题 ……………………………………………………………………………… 148

第 10 章 Web 测试 …………………………………………………………………… 149

10.1 Web 测试概述 …………………………………………………………… 149
10.2 功能测试 ………………………………………………………………… 151
  10.2.1 页面内容测试 ……………………………………………………… 151
  10.2.2 页面超链接测试 …………………………………………………… 151
  10.2.3 表单测试 …………………………………………………………… 153
  10.2.4 Cookies 测试 ……………………………………………………… 154
  10.2.5 设计语言测试 ……………………………………………………… 154
10.3 性能测试 ………………………………………………………………… 155
  10.3.1 负载测试 …………………………………………………………… 155
  10.3.2 压力测试 …………………………………………………………… 155
  10.3.3 连接速度测试 ……………………………………………………… 156
10.4 安全性测试 ……………………………………………………………… 157
10.5 可用性/可靠性测试 ……………………………………………………… 159
  10.5.1 导航测试 …………………………………………………………… 159
  10.5.2 Web 图形测试 ……………………………………………………… 160
  10.5.3 图形用户界面(GUI)测试 ………………………………………… 160
  10.5.4 可靠性测试 ………………………………………………………… 163
10.6 配置和兼容性测试 ……………………………………………………… 164
10.7 数据库测试 ……………………………………………………………… 166
小结 ……………………………………………………………………………… 168
习题 ……………………………………………………………………………… 168

第 11 章 Rational 测试工具及实例分析 …………………………………………… 169

11.1 Rational 测试解决方案 ………………………………………………… 169
  11.1.1 传统软件测试 ……………………………………………………… 169
  11.1.2 IBM Rational 软件测试的成功经验 ……………………………… 169
11.2 Rational 测试工具 ……………………………………………………… 173
  实例一 Rational Suite Enterprise 的安装 …………………………… 183
11.3 Rational 测试实例分析 ………………………………………………… 188
  实例二 三角形问题的黑盒测试 ……………………………………… 188

实例三	NextDate 函数的黑盒测试	191
实例四	Rational PureCoverage 基本练习	193
实例五	Rational PureCoverage 案例测试	196
实例六	Rational Purify 基本练习	199
实例七	Rational Purify 案例测试	201
实例八	Rational Quantify 基本练习和案例测试	203
实例九	Rational Administrator 案例测试	208
实例十	Rational Robot 功能测试	212
实例十一	Rational Robot 性能测试	221

小结 235

习题 236

参考文献 237

第1部分

软件测试入门

本部分概要

第 1 章　软件测试概述
第 2 章　软件测试基础

第 1 章

软件测试概述

本章介绍了软件测试的发展历史,软件测试技术的分类方法、测试标准、测试原则,阐述了软件测试与软件开发的关系。

1.1 软件测试背景

软件的质量就是软件的生命,为了保证软件的质量,人们在长期的软件开发过程中积累了许多经验方法。但是,借助这些方法,只能尽量减少软件中的错误和不足,却不能完全避免所有的错误。

由于软件是人脑高度智力化的体现这一特殊性,不同于其他科技和生产领域,软件与生俱来就可能存在缺陷。

开发大型软件系统通常需要较长时间,面对各种复杂的现实情况,人的主观认识和客观现实之间往往存在差距;开发过程中,各类人员之间的交流和配合也往往不是尽善尽美的。

如果不能在软件正式投入运行之前发现并纠正软件中的错误,那么这些错误必然会在软件的实际运行过程中暴露出来。到那时,改正这些错误不仅要付出很大的代价,而且往往会造成无法弥补的损失。

如何防止和减少这些可能存在的问题呢?那就是进行软件测试。测试是最有效的排除和防止软件缺陷与故障的手段,并由此促进了软件测试理论与技术的快速发展。新的测试理论、测试方法、测试技术手段不断涌出,软件测试机构和组织也在不断产生和发展,软件测试技术职业也随之逐步完善和健全起来。

1.1.1 软件缺陷

1. 软件错误案例研究

软件已经深入渗透到我们的日常生活中,在电子信息领域里无处不在。然而,软件是由人编写开发的,是一种逻辑思维的产品。尽管现在软件开发者采取了一系列有效措施,不断地提高软件开发质量,但仍然无法完全避免软件(产品)会存在的各种各样缺陷。

下面以实例来说明。

(1) 迪士尼的狮子王游戏软件缺陷。1994 年秋天,美国迪士尼公司发布了第一个面向儿童的多媒体光盘游戏——《狮子王动画故事书》(The Lion King Animated Storybook)。由于这是迪士尼公司首次进军儿童游戏市场,所以进行了大量促销宣传,狮子王动画故事书的销售额非常可观。然而,同年 12 月 26 日,圣诞节的第二天,迪士尼公司的客户支持电话开始响个不停。很快,电话支持技术员们就淹没在愤怒家长的责怪声和玩不成游戏的孩子们的哭叫声中。报纸和电视新闻对此进行了大量的报道。

后来证实,迪士尼公司未能对市面上投入使用的许多不同类型的 PC(Personal Computer)机型进行广泛测试。软件在极少数系统中工作正常——例如在迪士尼程序员用来开发游戏的系统中,但在大多数公众使用的系统中却不能运行。

(2) 爱国者导弹防御系统缺陷。爱国者导弹防御系统是美国里根总统提出的战略防御计划(即星球大战计划)的缩略版本,它首次应用在海湾战争中对抗伊拉克飞毛腿导弹的防御战中。尽管媒体对爱国者导弹系统赞誉的报道不绝于耳,但是,它确实在对抗几枚导弹的过程中出现了失利,包括在沙特阿拉伯的多哈击毙了 28 名美国士兵。通过分析发现问题在于一个软件缺陷——系统时钟的一个很小的计时错误,当系统计时积累起来达到 14 小时后,跟踪系统不再准确。在多哈的这次袭击中,系统已经运行了 100 多个小时。

(3) 千年虫问题。20 世纪 70 年代早期,某位程序员为其公司设计开发工资系统。由于他使用的计算机存储空间很小,这就迫使他尽量节省每一个字节。他将自己的程序压缩得比其他任何人都紧凑,其中一个方法是把 4 位数的年份,例如 1973 年,用 2 位数表示,即 73。因为工资系统非常依赖日期的处理,所以需要节省大量的存储空间。该程序员认为只有在 2000 年以后,程序开始计算 00 或 01 这样的年份时,才会出现问题。虽然他知道程序会出现这样的问题,但是他认定在 25 年之内程序肯定会升级或替换,而且,在他看来,完成眼前的任务比现在计划遥不可及的未来更加重要。1995 年他的程序仍然在使用,而他退休了,谁也不会想到如何深入程序中检查 2000 年的兼容问题,更不用说去修改程序。

估计全球各地更换或升级类似的前者程序以解决潜在的 2000 年问题的费用已经达数千亿美元。

(4) 美国航天局火星登陆探测器缺陷。1999 年 12 月 3 日,美国航天局的火星极地登陆者号探测器试图在火星表面着陆时失踪。一个故障评估委员会调查了该事件,认为出现故障的原因可能是一个数据位被意外置位。此次事故最令人警醒的问题是——为什么没有在内部测试时发现数据位被意外置位。

从理论上看,探测器着陆的计划是这样的:当探测器向火星表面降落时,它将打开降落伞以减缓探测器的下降速度。降落伞打开几秒钟后,探测器的三条腿将迅速被撑开,并锁定位置,准备着陆。当探测器离地面 1800 米时,它将丢弃降落伞,点燃着陆推进器,缓缓地降落到地面。

美国航天局为了省钱,简化了确定何时关闭着陆推进器的装置。为了替代其他太空船上使用的贵重雷达,他们在探测器的脚部装了一个廉价的触点开关,在计算机中设置一个数据位来控制触点开关关闭燃料。探测器的发动机需要一直点火工作,直到脚"着地"为止。

遗憾的是,故障评估委员会在测试中发现,许多情况下,当探测器的脚迅速撑开准备着陆时,机械震动也会触发着陆触点开关,设置致命的错误数据位。设想探测器开始着陆时,计算机极有可能关闭着陆推进器,这样火星极地登陆者号探测器飞船下坠 1800 米之后冲向地面,撞成碎片。

结果是灾难性的,但背后的原因却很简单。登陆探测器经过了多个小组测试。其中一个小组测试飞船的脚折叠过程,另一个小组测试此后的着陆过程。前一个小组不去注意着地数据是否置位,这不是他们负责的范围;后一个小组总是在开始复位之前复位计算机,清除数据位。双方独立工作都做得很好,但合在一起就不是这样了。

(5) 金山词霸缺陷。在国内,"金山词霸"是一个著名的词典软件,应用范围很广,对使用中文操作的用户帮助很大。但它也存在不少缺陷,例如输入 cube,词霸会在示例中显示 $3^3=9$;又如,如果用鼠标取词 dynamically(力学,动力学),词霸会出现其他不同的单词"dynamite n. 炸药"的错误显示。

(6) 英特尔奔腾浮点除法缺陷。在计算机的"计算器"程序中输入以下算式。

$$4195835/3145727\times3145727-4195835$$

如果答案是 0,说明计算机没问题。如果得出别的结果,就表示计算机使用的是带有浮点除法软件缺陷的老式英特尔奔腾处理器,这个软件缺陷被烧录在一个计算机芯片中,并在制作过程中反复生产。

1994 年 10 月 30 日,弗吉利亚州 Lynchburg 学院的 Thomas R. Nicely 博士在他的一个实验中,用奔腾 PC 机解决一个除法问题时,记录了一个想不到的结果,得出了错误的结论。他把发现的问题放到因特网上,随后引发了一场风暴,成千上万的人发现了同样的问题,并且在另外一些情形下也会得出错误的结果。万幸的是,这种情况很少见,仅仅在进行精度要求很高的数学、科学和工程计算中才会出现错误。大多数用来进行税务处理和商务应用的用户不会遇到此类问题。

这件事情引人关注的并不是这个软件的缺陷,而是英特尔公司解决问题的方式。

① 他们的软件测试工程师在芯片发布之前进行内部测试时已经发现了这个问题。英特尔的管理层认为这没有严重到要保证修正,甚至公开的程度。

② 当软件缺陷被发现时,英特尔公司通过新闻发布和公开声明试图弱化这个问题的已知严重性。

③ 受到压力时,英特尔公司承诺更换有问题的芯片,但要求用户必须证明自己受到缺陷的影响。

一时间,舆论哗然。互联网新闻组里充斥着愤怒的客户要求英特尔公司解决问题的呼声。新闻报道把英特尔公司描绘成不关心客户和缺乏诚信者。最后,英特尔公司为自己处理软件缺陷的行为道歉,并拿出 4 亿多美元来支付更换问题芯片的费用。现在英特尔公司在 Web 站点上报告已发现的问题,并认真查看客户在互联网新闻组里的反馈意见。

2. 软件缺陷的定义

从上述的案例中可以看到,软件发生错误时将造成灾难性后果或对用户产生各种影响。

在这些事件中,软件显然都未按预期目标运行。作为软件测试员,可能会发现大多数缺陷不如上面那些缺陷明显,而一些简单细微的错误,通常难以区分哪些是真正的错误,哪些不是真正的错误。

软件存在的各种问题称为软件缺陷或软件故障,在英文中人们喜欢用一个不贴切但已经专用的词 bug 来表示。

软件缺陷即计算机系统或者程序中存在的任何一种破坏系统或程序正常运行的问题、错误,或者隐藏的功能缺陷、瑕疵。缺陷会导致软件产品在某种程度上不能满足用户的需要。对于软件缺陷的准确定义,通常有以下五个方面的描述。

(1) 软件未实现产品说明书要求的功能。
(2) 软件出现了产品说明书指明不会出现的错误。
(3) 软件超出实现了产品说明书提到的功能。
(4) 软件实现了产品说明书虽未明确指出但应该实现的目标。
(5) 软件难以理解,不易使用,运行缓慢或者终端用户认为不好。

为了更好地理解每一条规则,以计算器为例进行说明。

计算器的产品说明书载明其能够准确无误地进行加、减、乘、除运算。当用户拿到计算器后,按下"+"键,什么反应也没有,根据第 1 条规则,这是一个缺陷。假如计算器能够计算,但得到错误答案,根据第 1 条规则,这同样是一个缺陷。

若产品说明书声称计算器永远不会崩溃、锁死或者停止反应,但当任意进行按键操作时,计算器停止接收输入,根据第 2 条规则,这是一个缺陷。

若用计算器进行测试,发现除了加、减、乘、除之外,计算器还可以求平方根,而说明书中并未提到这一功能,根据第 3 条规则,这是软件缺陷。软件实现了产品说明书未提到的功能。

在测试计算器时,发现电池没电会导致计算不正确,但产品说明书未指出这个问题。根据第 4 条规则,这是个缺陷。

第 5 条规则是全面的。如果软件测试员发现计算器的某些地方不方便使用,无论什么原因,都会被认定为缺陷。如"="键布置的位置使其不好按下;或在明亮光线下,显示屏难以看清。根据第 5 条规则,这些都是缺陷。

美国商务部国家标准和技术研究所(NIST)进行的一项研究表明,软件中的缺陷每年给美国经济造成的损失高达 595 亿美元。说明软件中存在的缺陷所造成的损失是巨大的,这从反面证明了软件测试的重要性。如何尽早彻底地发现软件中存在的缺陷是一项非常复杂,需要创造性的工作。同时,软件缺陷是软件开发过程中的重要属性,反映了软件开发过程中需求分析、功能设计、用户界面设计、编程等环节所隐含的问题,也为项目管理、过程改造等提供了许多信息。

3. 产生软件缺陷的原因

软件缺陷的产生是不可避免的。可以从技术问题、团队工作和软件本身确定容易造成软件缺陷的原因。

1)技术问题

(1)算法错误。

(2)语法错误。

(3)计算和精度问题。

(4)系统结构不合理,造成系统性能问题。

(5)接口参数不匹配出现问题。

2)团队工作

(1)在系统分析阶段,不了解客户的需求,或者和用户的沟通存在一些困难。

(2)不同阶段的开发人员对软件功能理解不一致,例如,软件设计人员对需求分析结果的理解偏差,编程人员对系统设计规格说明书中某些内容重视不够或存在误解。

(3)设计或编程上的一些假定或依赖性,没有得到充分的沟通。

3)软件本身

(1)文档错误、内容不正确或拼写错误。

(2)数据考虑不周全引起强度或负载问题。

(3)对边界考虑不够周全,漏掉某几个边界条件造成的错误。

(4)对一些实时应用系统,需要保证精确的时间同步,否则容易因时间上的不协调、不一致而出现问题。

(5)没有考虑系统崩溃后在系统安全性、可靠性方面存在的隐患。

(6)硬件或系统软件上存在的错误。

(7)软件开发标准或过程上的错误。

4.软件缺陷的组成

软件缺陷是由很多原因造成的,如果把它们按需求分析结果——规格说明书、系统设计结果、代码等进行归类,可以发现规格说明书是软件缺陷出现最多的地方,如图1-1所示。

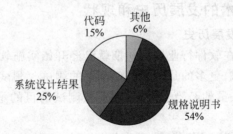

图1-1 软件缺陷构成示意图

软件产品规格说明书是软件缺陷存在最多的地方的原因主要有以下几种。

(1)用户一般是非计算机专业人员,软件开发人员和用户的沟通存在较大困难,两者对要开发的产品功能理解不一致。

(2)由于软件产品还没有设计、开发,完全靠想象去描述系统的实现结果,有些特性还不够清晰。

(3)用户需求变化的不一致性。用户的需求总是在不断变化,这些变化如果没有在产品规格说明书中得到正确的描述,容易引起前后文、上下文的矛盾。

(4) 对规格说明书不够重视,软件开发方在规格说明书的设计和写作上投入的人力、时间不足。

(5) 没有在整个开发队伍中进行充分沟通,有时只有设计师或项目经理得到比较多的信息。

5. 软件缺陷的修复费用

软件通常要靠有计划、有条理的开发过程来实现。在软件开发的问题定义、需求分析、软件设计、程序编码、软件测试各阶段,再到软件的公开使用过程中,都有可能发现软件缺陷。

软件缺陷的修复费用呈指数级增长,也就是说,随着时间的推移,软件修复费用呈十倍地增长。如果在早期编写软件产品说明书时,发现缺陷并修复,只要花费 1 美元甚至更少。同样的缺陷,如果直到软件编写完成,开始测试时才发现,可能要花费 10~100 美元。如果是客户发现的缺陷,可能需要花费数千甚至数百万美元。

举一个例子来说明软件缺陷的修复费用问题,比如前文的迪士尼狮子王实例。问题的根本原因是软件无法在流行的 PC 平台上运行。假如早在编写产品说明书时,有人已经研究过什么 PC 机流行,并且明确指出软件需要在该种配置上设计和测试,那么迪士尼公司付出的代价将小得几乎可以忽略不计。如果没有这样做,还有一个补救措施,软件测试员去搜集流行 PC 样机并在其上验证。他们可能会发现软件缺陷,但是修复费用要高得多,因为软件必须经过调试、修改、再测试。开发小组还应当把软件的初期版本分发给一小部分客户进行试用,叫作 BETA 测试。那些被挑选出来,能够代表庞大市场的客户可能会发现问题。然而实际的情况是,缺陷被完全忽视,直到成千上万的光盘被压制和销售出去。而迪士尼公司最终支付了客户投诉电话、产品召回、更换光盘所需的费用,以及又一轮软件调试、修改和测试的费用。可见,如果严重的软件缺陷是客户发现的,修复软件缺陷所花费的费用足以耗尽整个产品的利润。

1.1.2 软件测试技术的发展历史和现状

1. 软件测试技术的发展历史

随着计算机的诞生,在软件行业发展初期就已经开始实施软件测试,但这一阶段还不是传统意义上的软件测试,更多的是一种类似调试的测试。测试没有计划和方法,测试用例的设计和选取由测试人员的经验来决定,大多数测试的目的是为了证明系统可以正常运行。

20 世纪 50 年代后期到 60 年代,各种高级语言相继诞生,测试的重点也逐步转入到使用高级语言编写的软件系统中来,但程序的复杂性远远超过以前。尽管如此,由于受到硬件的制约,在计算机系统中,软件仍然处于次要位置。软件正确性的把握仍然主要依赖于编程人员的技术水平。因此,这一时期软件测试的理论和方法发展比较缓慢。

20 世纪 70 年代以后,随着计算机处理速度的提高,存储器容量的快速增加,软件在整个计算机系统中的地位变得越来越重要。软件开发技术日臻成熟和完善,软件规模越来越大,复杂度也大大增加。因此,软件的可靠性面临着前所未有的危机,给软件测试工作带来了更大的挑战,很多测试理论和测试方法应运而生,逐渐形成了一套完整的软件测试体系,培养和造就了一批出色的测试人才。

如今,在软件产业化发展的大趋势下,人们对软件质量、成本和进度的要求也越来越高,质量的控制已经不仅仅是传统意义上的软件测试。传统的软件测试大多是基于代码运行的,并且常常是软件开发的后期才开始进行。但大量研究表明,设计活动引入的错误占软件开发过程中出现的所有错误数量的50%~65%。因此,越来越多的声音呼吁,要求有一个规范的软件开发过程。而在整个软件开发过程中,测试已经不再只是基于程序代码进行的活动,而是一个基于整个软件生命周期的质量控制活动,贯穿于软件开发的各个阶段。

2. 软件测试技术的现状

在我国,软件测试可能算不上一个真正的产业,软件开发企业对软件测试认识淡薄,软件测试人员数量与软件开发人员数量配置比例失调。在一些发达国家和地区,软件测试已经成为一个产业。例如,微软的开发工程师数量与测试工程师数量的比例是1:2,而国内一般公司的这一比例是6:1。很多人认为导致这种现象产生的原因与我们接受的传统教育和开发习惯有很大关系。软件行业相对于其他一些行业来说起步较晚,软件开发过程包含需求管理、分析、设计、测试和部署等工作。由于软件行业的发展历程短暂,而且一般人认为,软件开发周期前面的工作没有完善之前,比较难于考虑到后面的工作。因此,软件开发大部分的精力都投入到了需求管理、分析、设计3个阶段,从而促使这些方面方法论的快速发展,忽视了测试工作。

总之,与一些发达国家相比,国内的软件测试工作还存在一定差距。主要体现在对测试意识、测试理论的研究,大型测试工具软件的开发以及从业人员数量等方面。其实,这与中国整体软件的发展水平是一致的,因为我国整体的软件产业水平和软件发达国家水平相比有一定的差距,而作为软件产业中重要一环的软件测试,必然也存在着差距。但是,我国在软件测试实现方面并不比国外差,我们拥有国际上优秀的测试工具,对这些工具所体现的思想也有深刻的理解,很多大型系统在国内都得到了很好的测试。

1.2 软件测试的基本理论

软件测试在软件生存周期中横跨两个阶段。通常在编写出每个模块之后就对它进行必要的测试(称为单元测试),模块的编写者和测试者是同一个人,编码和单元测试属于软件生存周期的同一个阶段。在结束这个阶段之后,对软件系统还要进行各种综合测试,这是软件生存周期中另一个独立的阶段,通常由专门的测试人员来完成这项工作。

目前,人们越来越重视软件测试,软件测试的工作量往往占到软件开发总工作量的40%以上。在特殊情况下,测试那些重大的软件,例如核反应堆监控软件,其测试费用可能相当于软件工程其他步骤总成本的三倍到五倍。因此,必须高度重视软件测试工作,绝不能认为写出程序代码之后软件开发工作就完成了。

1.2.1 软件测试定义和目标

1. 软件测试的定义

人们对于软件测试的目的可能会存在着这样的认识——测试是为了证明程序是正确

的。实际上,这种认识是错误的。因为如果为了表明程序是正确的而进行测试,就会设计一些不易暴露错误的测试方案,也不会主动去检测、排除程序中可能存在的一些隐患。显然,这样的测试对于发现程序中的错误,完善和提高软件质量的作用不大。因为程序在实际运行中会遇到各种各样的问题,而这些问题可能是在设计时没有考虑到的,所以在设计测试方案时,应该尽量让它能发现程序中的错误,从而在软件投入运行之前就将这些错误改正,最终把一个高质量的软件系统交给用户使用。

通常对软件测试的定义有如下描述。

软件测试是为了发现程序中的错误而执行程序的过程。具体说,它是根据软件开发各阶段的规格说明和程序的内部结构而精心设计出一批测试用例,并利用测试用例来运行程序,以发现程序错误的过程。

正确认识测试的目的十分必要,只有这样,才能设计出最能暴露错误的测试方案。此外,还应该认识到:测试只能证明程序中错误的存在,但不能证明程序中没有错误。因为,即使经过了最严格的测试之后,仍然可能还有没被发现的错误存在于程序中,所以说测试只能查出程序中的错误,但不能证明程序没有错误。

2. 软件测试的目标

软件测试工作非常必要,测试的目的是在软件投入运行之前,尽可能多地发现软件中的错误。软件测试是对软件规格说明、设计和编码的最后复审,是保证软件质量的关键步骤。

实现软件测试目的的关键是如何合理地设计测试用例,在设计测试用例时,要着重考虑那些易于发现程序错误的方法策略与具体数据。

综上所述,软件测试的目的包括以下三个方面。

(1) 测试是程序的执行过程,目的在于发现错误,不能证明程序的正确性,仅限于处理有限的情况。

(2) 检查系统是否满足需求,这也是测试的期望目标。

(3) 一个好的测试用例在于发现还未曾发现的错误;成功的测试是发现了错误的测试。

1.2.2 软件测试标准

软件测试的标准是站在用户的角度,对产品进行全面测试,尽早、尽可能多地发现缺陷,并负责跟踪和分析产品的问题,对不足之处提出质疑和改进意见。

软件测试标准如下。

(1) 软件测试的目标在于揭示错误。测试人员要始终站在用户的角度去发现问题,系统中最严重的错误是那些导致程序无法满足用户需求的错误。

(2) 软件测试必须基于"质量第一"的思想去开展各项工作。

(3) 事先定义好产品的质量标准。只有建立了质量标准,才能根据测试的结果,对产品的质量进行分析和评估。

(4) 软件项目一旦启动,软件测试也就开始,而不是等程序写完,才开始进行测试。

(5) 测试用例是设计出来的,不是写出来的,所以要根据测试的目的,采用相应的方法去设计测试用例,从而提高测试的效率,更多地发现错误,提高程序的可靠性。

(6) 对发现错误较多的程序段,应进行更深入的测试。

1.2.3 软件测试原则

各种统计数据显示,软件开发过程中发现缺陷的时间越晚,修复它所花费的成本就越大。因此,在需求分析阶段就应当有测试的介入。因为软件测试的对象不仅是程序编码,应当对软件开发过程中产生的所有产品都进行测试。就像造桥梁一样,在图纸上设计好桥梁的结构之后,只有对图纸进行仔细地审查后,才能进行施工。

人们普遍存在一种观念,认为可以对程序进行完全测试。如以下这些情况。

(1) 许多管理者认为存在完全测试的可能性,因此要求员工这样做,并在彼此间确认正在这样做。

(2) 某些软件测试公司在产品销售说明中承诺他们能对软件进行完全测试。

(3) 有时,测试覆盖率分析人员为了推销自己,宣称自己能够分析是否已经对代码进行了完全测试;或者能够指出下一步还需要做什么测试就能够进行完全测试。

(4) 许多销售人员向客户强调他们的软件产品经过了完全测试,彻底没有错误。

(5) 一些测试人员也相信存在完全测试,甚至为实现这种想法吃尽苦头,忍受了数次失败和挫折,因为无论工作得多么辛苦,计划得多么周密,投入的时间有多长,花费的人力和物力资源有多大,仍然无法做到充分的测试,仍然会遗漏缺陷。

对一个程序进行完全测试就意味着在测试结束之后,再也不会发现其他的软件错误。但是,这是不可能的,最多只能是测试人员的一种美好的愿望而已。

除了测试人员之外,程序员在编写完每段代码之后,或者在每个子模块完成之后,都要进行认真的测试,这样就可以在最早的时间发现一些潜在的问题并加以解决。这样做的目的是为了避免测试过程中的一些人为和主观因素的干扰。开发和测试是互为相反的行为过程,两者有着本质的不同。在程序员完成大量的设计和编码之后,让他否定自己所做的工作非常不易,很少有人能够这样做。另外,从程序员的角度来讲,系统需求的错误不易被发现。例如,程序员检查自己的代码,他对系统需求的理解缺乏客观性,往往存在着对问题叙述或说明的误解,那么带有错误认识的程序员就很难发现自己程序存在的问题。

软件测试的本质是针对要测试的内容确定一组测试用例。测试用例至少应当包括以下几个基本信息。

(1) 在执行测试用例之前,应满足的前提条件。

(2) 输入(合理的、不合理的)。

(3) 预期输出(包括后果和实际输出)。

有经验的测试人员会发现,在做软件测试的过程中,常发生软件缺陷"扎堆"的现象,因此当在某一部分发现了很多错误时,应当进一步仔细测试是否还包含了更多的软件缺陷。

软件缺陷"扎堆"的现象常有以下几种形式。

(1) 对话框的某个控件功能不起作用,可能其他控件的功能也不起作用。

(2) 某个文本框不能正确显示双字节字符,则其他文本框也可能不支持双字节字符。

(3) 联机帮助某段文字的翻译包含了很多错误,与其相邻的上下段的文字可能也包含很多的语言质量问题。

(4) 安装文件某个对话框的"上一步"或"下一步"按钮被截断,则这两个按钮在其他对话框中也可能被截断。

良好的开端是成功的一半。合理的测试计划有助于测试工作顺利有序地进行,因此要求在对软件进行测试之前所做的测试计划中,应该结合多种针对性强的测试方法,列出所有可使用资源,建立一个正确的测试目标,本着严谨、准确的原则,周到细致地做好测试前期的准备工作,避免测试的随意性。尽量科学合理地安排测试时间,并留出一定的机动时间,防止意外情况的发生,以免出现测试时间不够用,甚至使很多测试工作不能正常进行的情况,尽量降低测试风险。

软件测试的目标是想以最少的时间和人力找出软件中潜在的各种错误和缺陷。如果成功地实施了测试,就能够发现软件中的错误。

根据这样的测试目的,软件测试的原则包括以下几个方面。

(1) 应当把"尽早地和不断地进行软件测试"作为软件开发者的座右铭。坚持在软件开发的各个阶段的技术评审,这样才能在开发过程中尽早发现和预防错误,把出现的错误克服在早期,杜绝某些隐患,提高软件质量。

(2) 测试用例应由测试输入数据和与之对应的预期输出结果两部分组成。如果对测试输入数据没有给出预期的程序输出结果,那么就缺少了检验实测结果的基准,就有可能把一个似是而非的错误结果当成正确结果。

(3) 程序员应避免检查自己的程序。如果由别人来测试程序员编写的程序,可能会更客观、更有效,并更容易取得成功。

(4) 在设计测试用例时,应当包括合理的输入条件和不合理的输入条件。合理的输入条件是指能验证程序正确的输入条件,而不合理的输入条件是指异常的、临界的、可能引起问题变异的输入条件。因此,软件系统处理非法命令的能力也必须在测试时受到检验。用不合理的输入条件测试程序时,往往比用合理的输入条件进行测试能发现更多的错误。

(5) 充分注意测试中的群集现象。测试时不能因为找到几个错误问题就停止测试。应当对错误群集的程序段进行重点测试,以提高测试投资的效益。

(6) 严格执行测试计划,排除测试的随意性。对于测试计划,要明确规定,不要随意解释。

(7) 应当对每一个测试结果做全面检查。这是一条最明显的原则,但常常被忽视。必须对预期的输出结果明确定义,对实测的结果仔细分析检查,抓住关键,暴露错误。

(8) 妥善保存测试计划、测试用例、出错统计和最终的分析报告,为后期软件维护提供方便。

1.3 软件测试与软件开发

1. 测试与软件开发各阶段的关系

软件开发过程是一个自顶向下、逐步细化的过程。首先,在软件计划阶段定义软件的作用域,然后进行软件需求分析,建立软件的数据域、功能和性能需求、约束和一些有效性准则。随后进入软件开发,首先是软件设计,然后再把设计用某种程序设计语言转换成程序代码。而测试过程则是依相反的顺序安排的自底向上、逐步集成的过程,低一级测试为上一级测试准备条件。此外,还有两者平行地进行测试。

软件测试与软件开发过程的关系如图 1-2 所示。首先对每一个程序模块进行单元测试,消除程序模块内部在逻辑上和功能上的错误和缺陷。再对照软件设计进行集成测试,检测和排除子系统(或系统)结构上的错误。随后再对照需求,进行确认测试。最后从系统全局出发,运行系统,看是否满足用户要求。

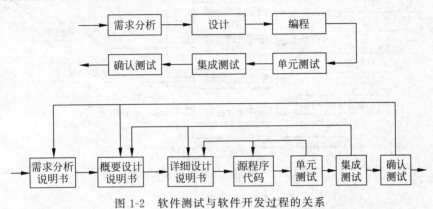

图 1-2 软件测试与软件开发过程的关系

2. 测试与开发的并行性

在软件的需求得到确认并通过评审后,概要设计工作和测试计划制订工作就要并行进行。如果系统模块已经建立,对各个模块的详细设计、编码、单元测试等工作又可并行。待每个模块完成后,可以进行集成测试、系统测试。软件测试与软件开发的并行性如图 1-3 所示。

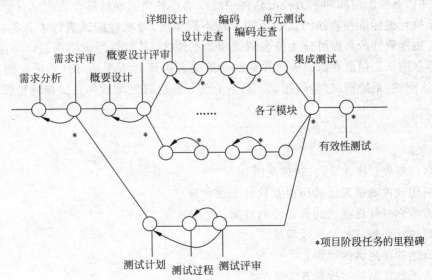

图 1-3 软件测试与软件开发的并行性

3. 测试与开发模型

软件测试不仅仅是执行测试,而是一个包含很多复杂活动的过程,并且这些过程应该贯穿于整个软件开发过程。在软件开发过程中,应该什么时候进行测试,如何更好地把软件开发和测试活动集成到一起,这也是软件测试工作人员必须考虑的问题,因为只有这样,才能提高软件测试工作的效率,提高软件产品的质量,最大限度地降低软件开发与测试的成本,减少重复劳动。软件测试与开发的完整流程如图1-4所示。

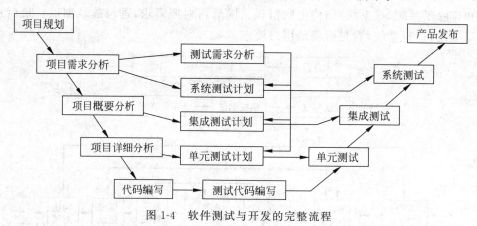

图1-4 软件测试与开发的完整流程

小结

本章以软件缺陷实例为出发点介绍了软件测试背景和测试发展的历程,以及它在国内的发展状况。随着软件开发过程和开发技术的不断改进,软件测试理论和方法也在不断完善,测试工具也在蓬勃发展。软件测试是保证软件质量的手段,本章讲述了软件测试的定义,并以最少的时间和人力找出软件中潜在的各种错误和缺陷作为测试目标,阐述了软件测试执行的标准和软件测试的原则。从不同角度,对软件测试进行了分类:从是否需要执行被测软件的角度可分为静态测试和动态测试;从软件测试用例设计方法的角度可分为黑盒测试和白盒测试;从软件测试的策略和过程的角度又可分为单元测试、集成测试、确认测试、系统测试、验收测试。最后介绍了软件开发与软件测试相辅相成的关系。

习题

1. 名词解释:软件缺陷、软件测试。
2. 简述软件测试发展的历史及软件测试的现状。
3. 谈谈你对软件测试的重要性的理解。
4. 简述软件测试的目标及标准。
5. 简述软件测试的原则。
6. 简述软件测试与软件开发的关系。

第 2 章

软件测试基础

 **本章概要**

- 静态测试;
- 动态测试;
- 黑盒测试;
- 白盒测试;
- 软件测试过程模型。

2.1 软件测试分类

从不同的角度,可以把软件测试技术分成不同种类。

1. 从是否需要执行被测软件的角度分类

从是否需要执行被测软件的角度,可以将软件测试分为静态测试(Static Testing)和动态测试(Dynamic Testing)。顾名思义,静态测试就是通过对被测程序的静态审查,发现代码中潜在的错误。它一般用人工方式脱机完成,故也称人工测试或代码评审(Code Review);也可借助于静态分析器在机器上以自动方式进行检查,但不要求程序本身在机器上运行。按照评审的不同组织形式,代码评审又可分为代码会审、走查、办公桌检查以及同行评分4种。对某个具体的程序,通常只使用一种评审方式。

动态测试的对象必须是能够由计算机真正运行的被测试的程序。它分为黑盒测试和白盒测试,也是下面将要介绍的内容。

2. 从软件测试用例设计方法的角度分类

从软件测试用例设计方法的角度,可以将软件测试分为黑盒测试(Black-Box Testing)和白盒测试(White-Box Testing)。

黑盒测试是一种从用户观点出发的测试,又称为功能测试、数据驱动测试或基于规格说明的测试。使用这种方法进行测试时,把被测试程序当作一个黑盒,忽略程序内部的结构特性,测试者在只知道该程序输入和输出之间的关系或程序功能的情况下,依靠能够反映这一关系和程序功能需求规格的说明书,来确定测试用例和推断测试结果的正确性。

简单地说,若测试用例的设计是基于产品的功能,目的是检查程序各个功能是否实现,并检查其中的功能错误,则这种测试方法称为黑盒测试。

白盒测试基于产品的内部结构来进行测试,检查内部操作是否按规定执行,软件各个部分功能是否得到充分利用。白盒测试又称为结构测试,逻辑驱动测试或基于程序的测试。即根据被测程序的内部结构设计测试用例,测试者需事先了解被测试程序的结构。

3. 从软件测试用户需求的角度分类

按照用户需求,软件测试分为功能测试和非功能测试。软件测试是为了满足用户需求,而用户需求主要分为功能需求和非功能需求。软件的功能需求定义了软件期望做什么,而非功能需求则指定了关于软件如何运行和功能如何展示的全局限制,是功能需求的补充,软件测试应当充分考虑对功能需求的影响。

2.1.1 静态测试与动态测试

根据程序是否运行可以把软件测试方法分为静态测试和动态测试。如果用驾驶汽车来形容静态测试与动态测试,那么踩油门、看车漆、打开前盖检查就属于静态测试;发动汽车、听发动机声音、上路行驶就属于动态测试。静态测试与动态测试的比喻图如图 2-1 所示。

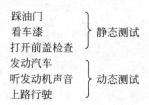

图 2-1 静态测试与动态测试的比喻图

1. 静态测试

所谓静态测试,就是不需要执行所测试的程序,而只是通过扫描程序正文,对程序的数据流和控制流等信息进行分析,找出系统的缺陷,得出测试报告。静态方法的主要特征是在用计算机测试源程序时,计算机并不真正运行被测试的程序,只对被测程序进行特性分析。因此,静态方法常称为"分析",静态分析是对被测程序进行特性分析的一些方法的总称。

为什么要进行静态分析?首先,一个软件产品可能实现了所要求的功能,但如果它的内部结构组织的很复杂,很混乱,代码的编写也没有规范的话,这时软件中往往会隐藏一些不易被察觉的错误。其次,即使这个软件基本满足了用户目前的要求,但日后对该产品进行维护升级时,会发现维护工作非常困难。所以,如果能对软件进行科学、细致的静态分析,使系统的设计符合模块化、结构化、面向对象的要求,使开发人员编写的代码符合规定的编码规范,就能够避免软件中大部分的错误,同时为日后的维护工作节约大量的人力、物力。这就是对软件进行静态分析的价值所在。

静态测试包括代码检查、静态结构分析、代码质量度量等。它可以由人工进行,充分发挥人的逻辑思维优势,也可以借助软件工具自动进行。

通常在静态测试阶段进行以下这些测试活动。

(1) 检查算法的逻辑正确性,确定算法是否实现了所要求的功能。

(2) 检查模块接口的正确性,确定形参的个数、数据类型、顺序是否正确,确定返回值类型及返回值的正确性。

(3) 检查输入参数是否有合法性检查。如果没有合法性检查,则应确定该参数是否不需要合法性检查,否则应加上参数的合法性检查。

(4) 检查调用其他模块的接口是否正确,检查实参类型、实参个数是否正确,返回值是否正确。若被调用模块出现异常或错误,程序是否有适当的出错处理代码。

(5) 检查是否设置了适当的出错处理,以便在程序出错时,能对出错部分进行重做安排,保证其逻辑的正确性。

(6) 检查表达式、语句是否正确,是否含有二义性。例如,下列表达式或运算符的优先级:<=、=、>=、&&、||、++、-- 等。

(7) 检查常量或全局变量使用是否正确。

(8) 检查标识符的使用是否规范、一致,变量命名是否能够望名知义、简洁、规范和易记。

(9) 检查程序风格的一致性、规范性,代码是否符合行业规范,是否所有模块的代码风格一致、规范。

(10) 检查代码是否可以优化,算法效率是否最高。

(11) 检查代码注释是否完整,是否正确反映了代码的功能,并查找错误的注释。

静态分析的差错分析功能是编译程序所不能替代的。编译系统虽然能发现某些程序错误,但这些错误远非软件中存在的大部分错误。目前,已经开发了一些静态分析系统作为软件静态测试的工具,静态分析已被当作一种自动化的代码校验方法。

静态测试可以完成以下工作。

(1) 可以发现如下的程序缺陷。

① 错用了局部变量和全局变量。

② 不匹配的参数。

③ 未定义的变量。

④ 不适当的循环嵌套或分支嵌套。

⑤ 无终止的死循环。

⑥ 不允许的递归。

⑦ 调用不存在的子程序。

⑧ 遗漏了标号或代码。

(2) 找出如下问题的根源。

① 未使用过的变量。

② 不会执行到的代码。

③ 从未引用过的标号。

④ 潜在的死循环。

(3) 提供程序缺陷的如下间接信息。

① 标识符的使用方式。

② 过程的调用层次。
③ 所用变量和常量的交叉应用表。
④ 是否违背编码规则。
(4) 为进一步查错做准备。
(5) 选择测试用例。
(6) 进行符号测试。

实践表明，使用静态测试可发现 1/3~2/3 的逻辑设计和编码错误。但代码中仍会隐藏许多故障无法通过静态测试发现，因此必须通过动态测试进行详细的分析。

2. 动态测试

和静态测试相对的是动态测试。所谓动态，就是通过运行软件来检验软件的动态行为和运行结果的正确性。目前，动态测试也是软件公司进行测试工作的主要方式。

静态测试不运行被测试软件，动态测试需要运行被测试软件。通过人工手动运行或者工具运行被测试的程序，获得一系列的操作结果。这些实际测试结果和预期结果进行对比分析，以检验软件的各方面性能情况。

动态测试方法是通过源程序运行时所体现出来的特征，来进行执行跟踪、时间分析以及测试覆盖等方面的测试。动态测试是真正运行被测程序，在执行过程中，通过输入有效的测试用例，对其输入与输出的对应关系进行分析，以达到检测的目的。

动态测试方法的基本步骤如下。

(1) 选取定义域有效值，或定义域外无效值。
(2) 对已选取值决定预期的结果。
(3) 用选取值执行程序。
(4) 执行结果与预期的结果相比，若两者不吻合，则程序有错。

静态测试和动态测试通过运行程序代码，都可以进行功能测试和结构测试。功能测试用于测试软件的功能需求，在不了解系统结构的情况下以说明书作为标准进行测试工作。结构测试用于验证系统架构，以系统内部结构和相关知识作为标准进行测试工作。

静态测试和动态测试分布在软件测试的各个阶段，具体对应情况如表 2-1 所示。

表 2-1 静态测试和动态测试应用情况

测试阶段	执 行 人	静 态 测 试	动 态 测 试
可行性评审	开发和测试人员，用户	√	
需求评审	开发和测试人员，用户	√	
设计评审	开发和测试人员	√	
单元测试	开发和测试人员		√
集成测试	开发和测试人员，用户		√
系统测试	开发和测试人员在用户协助下完成		√
验收测试	用户		√

不同的测试方法各自的目标和侧重点不一样，在实际工作中要将静态测试和动态测试结合起来，以使测试达到更加完美的效果。

2.1.2 黑盒测试与白盒测试

测试用例的设计是测试过程的一个关键步骤,按照测试用例的不同出发点,可以分为黑盒测试与白盒测试。

1. 黑盒测试

黑盒测试又称为功能测试、数据驱动测试或基于规格说明的测试,是一种从用户观点出发的测试。

黑盒测试的基本观点是:任何程序都可以看作是从输入定义域映射到输出值域的函数过程,被测程序被认为是一个打不开的黑盒子,测试人员完全不知道盒子中的内容(实现过程),只明确要做到什么。黑盒测试作为软件功能的测试手段,是重要的测试方法。它主要根据规格说明设计测试用例,并不涉及程序内部结构和内部特性,只依靠被测程序输入和输出之间的关系或程序的功能设计测试用例。

黑盒测试有两种基本方法,即通过测试和失败测试。

在进行通过测试时,实际上是确认软件能做什么,而不会去考验其能力如何,软件测试人员只运用最简单、最直观的测试案例。在设计和执行测试案例时,总是先要进行通过测试,验证软件的基本功能是否都已实现。

在确定软件能够正常运行之后,就可以采取各种手段使软件出错,从而找出缺陷。纯粹为了找出软件缺陷而设计和执行的测试案例称为失败测试或迫使出错测试。

黑盒测试有两个显著的特点。

(1) 黑盒测试不考虑软件的具体实现过程,在软件实现的过程发生变化时,测试用例仍然可以使用。

(2) 黑盒测试用例的设计可以和软件实现同时进行,这样能够压缩总的开发时间。

在黑盒测试中,测试条件主要是基于程序或者系统的功能。例如,测试人员需要有关输入数据的信息并观察输出数据,但是测试人员并不知道程序到底是如何工作的,这就好比一个人虽然会开车,但这个人并不知道汽车的内部工作方式。在这里,运行一个程序并不需要理解其内部结构,测试人员只是根据产品应该实现的实际功能和已经定义好的产品规格,来验证产品所应该具有的功能是否实现,每个功能是否都能正常使用,是否满足用户的要求。在测试时,测试人员将整个被测试的程序看成一个黑盒子,在完全不考虑程序或者系统的内部结构和内部特性的情况下,检查程序的功能是否按照需求规格说明书的规定可以正常使用,程序是否能适当地接收输入数据而产生正确的输出结果。

黑盒测试是以用户的观点,从输入数据与输出数据的对应关系出发进行测试的,它不涉及程序的内部结构。显然,如果外部特性本身有问题或规格说明书的规定有误,用黑盒测试方法就发现不了软件缺陷。黑盒测试方法着重测试软件的功能需求,是在程序接口上进行测试,主要为了发现以下错误。

(1) 是否有不正确的功能,是否有遗漏的功能。

(2) 在接口上,是否能够正确地接收输入数据并产生正确的输出结果。

(3) 是否有数据结构错误或外部信息访问错误。

(4) 性能上是否能够满足要求。

(5) 是否有程序初始化和终止方面的错误。

黑盒测试不仅能够发现大多数其他测试方法无法发现的错误,而且一些外购软件、参数化软件包以及某些生成的软件,由于无法得到源程序,在一些情况下只能选择黑盒测试。

但是任何一个软件作为一个系统都是有层次的,在软件的总体功能之下可能具有若干个层次的功能,而且软件开发一般总是将原始问题换算成计算机能够处理的形式作为开始,接下来进行一系列变换,最后得到程序编程。在这一系列的变换过程之中,每一步都得到不同形式的中间结果,再生成相应功能。因此,测试人员常常面临的一个实际问题是在哪个层次上进行测试。假如是在高一层次上进行的测试,就可能忽略一些细节,测试可能是不完全的和不够充分的;假如是在较低一层次上进行的测试,则有可能忽略各功能存在的相互作用和相互依赖的关系。

如果想用黑盒测试发现程序中所有的错误,就必须输入数据的所有可能的值来检查程序是否都能够产生正确的结果。但测试人员无法做到这一点。一方面,输入和输出结果是否正确本身无法全部事先知道;另一方面,要做到穷举所有可能的输入很困难。通常黑盒测试的测试数据是根据规格说明书来决定的,但实际上,没有人能保证规格说明书完全正确,可能也存在问题。例如,规格说明书中规定了多余的功能,或是遗漏了某些功能,采用黑盒测试就无法发现这些问题。

黑盒测试的优点是它直接针对程序或者系统的目标,容易理解,比较直观。但是黑盒测试属于穷举输入测试方法,这就要求每一个可能的输入或者输入的组合都被测试到,才能查出程序中所有的错误,但通常要受到较大的限制。假设有一个程序要求有两个输入数据 X 和 Y 及一个输出数据 Z,在字长为 32 位的计算机上运行。若 X、Y 取整数,按黑盒测试方法进行穷举测试,则测试数据的最大可能数目为:$2^{32} \times 2^{32} = 2^{64}$。如果测试一组数据需要 1 毫秒,一天工作 24 小时,一年工作 365 天,那么完成所有测试需 5 亿年。可见,要进行穷举输入是不可能的。

在黑盒测试的各种方法中,应用较为广泛的测试方法有等价类划分法、边界值分析法、决策表法和因果图法。使用黑盒测试进行测试时,要根据开发项目的特点选择合适的设计方法。

软件测试不能仅局限于功能测试,因此不仅要进行黑盒测试,还需要花费很大的精力进行逻辑(结构)测试,即白盒测试。

2. 白盒测试

白盒测试也称结构测试或逻辑驱动测试。白盒测试知道产品内部工作过程,可通过测试来检测产品内部动作是否按照规格说明书的规定正常进行。白盒测试按照程序内部的结构测试程序,检验程序中的每条通路是否都能按预定要求正确工作,而不考虑软件的功能。白盒测试的主要方法有逻辑覆盖、基本路径测试等。白盒测试主要用于软件验证。

白盒测试要求测试者全面了解程序内部逻辑结构、对所有逻辑路径进行测试。白盒测试是穷举路径测试。在使用白盒测试时,测试者必须检查程序的内部结构,从检查程序的逻辑着手,得出测试数据。贯穿程序的独立路径数是天文数字。但即使每条路径都进行过测试,软件仍然可能有错误。第一,穷举路径测试无法发现程序违反设计规范的问题,即程序本身是错误的。第二,穷举路径测试不可能发现程序中因遗漏路径而出现的错误。第三,穷举路径测试可能发现不了一些与数据相关的错误。

白盒测试的测试规划基于产品的内部结构来进行,检查内部操作是否按规定进行,软件的各个部分功能是否得到充分利用。白盒测试又称基于程序的测试,即逻辑测试。白盒测试将被测程序看作一个打开的盒子,测试者能够看到被测源程序,可以分析被测程序的内部结构,此时测试的焦点集中在根据其内部结构设计测试用例。

既然白盒测试是根据被测程序的内部结构来设计测试用例的一类测试,也许有人会认为,只要保证程序中所有的路径都执行一次,全面的白盒测试将产生"百分之百正确的程序"。这实际上是不可能的,即便是一个非常小的控制流程,进行穷举测试所需要的时间都非常长。

因此,白盒测试要求对某些程序的结构特性做到一定程度的覆盖,或者说这种测试是"基于覆盖率的测试"。测试人员可以严格定义要测试的确切内容,明确要达到的测试覆盖率,减少测试的过分和盲目,并以此为目标,引导测试者朝着提高覆盖率的方向努力,找出那些可能已被忽视的程序错误。

通常的程序结构覆盖有以下几种。

(1) 语句覆盖。

(2) 判定覆盖。

(3) 条件覆盖。

(4) 判断/条件覆盖。

(5) 条件组合覆盖。

(6) 路径覆盖。

语句覆盖是最常见也是最弱的逻辑覆盖准则,它要求设计若干个测试用例,使被测程序的每个语句都至少被执行一次。判定覆盖又叫分支覆盖,要求设计若干个测试用例,使被测程序的每个判定的真、假分支都至少被执行一次。但判定含有多个条件时,可以要求设计若干个测试用例,使被测程序的每个条件的真、假分支都至少被执行一次,即条件覆盖。在考虑对程序路径进行全面检验时,即可使用条件覆盖准则。

虽然结构测试提供了评价测试的逻辑覆盖准则,但结构测试是不完全的。如果程序结构本身存在问题,比如程序逻辑错误或者遗漏了规格说明书中已规定的功能,那么,无论哪种结构测试,即使其覆盖率达到了百分之百也检查不出来。因此,提高结构测试的覆盖率,可以增强对被测软件的信度,但并不能做到完全测试。

黑盒测试法和白盒测试法是从完全不同的起点出发,并且两个出发点在某种程度上是完全不同的,这反映了测试思路的不同。两类方法在软件测试实践过程中均被证明是有效和实用的方法。黑盒测试和白盒测试的优缺点及性质对比情况如表 2-2 所示。

表 2-2 黑盒测试和白盒测试对比情况

特点	黑盒测试	白盒测试
优点	① 适用于各个测试阶段。 ② 从产品功能角度进行测试。 ③ 容易入手,生成测试数据	① 可构成测试数据使特定程序部分得到测试。 ② 有一定充分性度量手段。 ③ 可获较多工具支持

续表

特点	黑盒测试	白盒测试
缺点	① 某些代码得不到测试。 ② 如果规则说明有误,无法发现。 ③ 不易进行充分性测试	① 不易生成测试数据。 ② 无法对未实现规格说明的部分进行测试。 ③ 工作量大,通常只用于单元测试,有应用局限性
性质	一种确认技术,目的是确认"设计的系统是否正确"	一种验证技术,目的是验证"系统的设计是否正确"

经验表明,在进行单元测试时通常采用白盒测试法,而在集成测试、确认测试或系统测试时常采用黑盒测试法。

黑盒测试是以用户的观点,从输入数据与输出数据的对应关系,也就是根据程序外部特性进行的测试,而不考虑程序内部结构及工作情况;黑盒测试技术注重软件的信息域(范围),通过划分程序的输入和输出域来确定测试用例;若外部特性本身存在问题或规格说明的规定有误,则应用黑盒测试方法无法发现问题。白盒测试只根据程序的内部结构进行测试;测试用例的设计要保证测试时程序的所有语句至少执行一次,而且要检查所有的逻辑条件;如果程序的结构本身有问题,比如程序逻辑有错误或者有遗漏,白盒测试也无法发现。

2.1.3 功能测试与非功能测试

1. 功能测试

功能需求和功能测试的定义如下。

功能需求是指定组件或系统必须能够执行的功能的需求。

功能测试为评估某组件或系统是否符合功能要求而进行的测试。

功能指的是被测对象应该"做什么"。功能需求通常在业务需求说明、系统需求说明、功能说明、用例或用户故事等中进行描述;功能需求也可能没有文档记录,只是存在于开发人员的头脑中。功能测试就是根据功能需求,检验软件是否满足各方面功能的使用要求。通常是测试人员直接运行软件,针对程序接口或软件界面进行测试。针对不同系统功能测试的内容差别很大,但是都可以归结为界面、数据、操作、逻辑、接口等几个方面,常见的功能测试包括逻辑功能测试、界面测试、可用性测试、接口测试等。

功能测试的完整性可以通过功能覆盖来测量。功能覆盖指的是通过测试执行了某种类型的功能元素的范围,并以所覆盖类型的百分比来表示。例如:假如测试用例覆盖的是被测对象的系统需求,那么就可以计算已测试的需求的百分比;假如测试用例覆盖的是被测对象的接口,可以计算已测试的接口的百分比。为了更好地确定测试的功能覆盖,实现测试用例和被测对象的功能元素之间的可追溯性很重要。同时,根据计算的功能覆盖数据,与测试计划中的覆盖目标进行比较,就可以识别出当前在覆盖方面还存在的缺口。

开展功能测试需要测试人员深入了解被测对象的领域和业务知识,例如:软件解决的特定业务问题(如石油和天然气行业的地质建模软件)或软件服务的特定作用(如提供交互式娱乐的计算机游戏软件)的知识。同时需要一些测试设计和执行技术的支撑。

2. 非功能测试

非功能需求和非功能测试的定义如下。

非功能需求是描述组件或系统将如何做它打算做的事情的需求。

非功能测试为评估某组件或系统是否符合非功能需求而进行的测试。

非功能测试是用来评估被测对象的非功能特性,例如易用性、性能效率或安全性。非功能测试是测试被测对象运行的"表现如何"。常见的非功能测试包括性能测试、安全性测试、可靠性测试、恢复测试等,而性能测试又包括一般性测试、稳定性测试、负载测试、压力测试、容量测试等。

非功能测试的完整性可以通过非功能覆盖来衡量。非功能覆盖是指通过测试执行某种类型的非功能元素所达到的程度,并且以所覆盖的元素类型的百分比形式来表示。例如,根据移动应用程序的测试和支持的设备之间的可跟踪性,可以计算出通过兼容性测试的设备所占百分比,发现潜在的覆盖缺口。

2.2 软件测试过程模型

软件测试和软件开发一样,都遵循软件工程原理,遵循管理学原理。测试专家通过实践总结出了很多很好的测试模型。这些模型将测试活动进行了抽象,明确了测试与开发之间的关系,是测试管理的重要参考依据。

2.2.1 V模型

在软件测试方面,V模型是最广为人知的模型,它和瀑布开发模型有一些共同的特性,由此也和瀑布模型一样受到批评和质疑。V模型的模型示意图形似字母V,从左到右,描述了基本的开发过程和测试行为,如图2-2所示。V模型的价值在于它非常明确地标明了测试过程中存在的不同级别,并且清楚地描述了这些测试阶段和开发过程期间各阶段的对应关系。

在V模型中,各个测试阶段的执行流程如下。

单元测试是基于代码的测试,最初由开发人员执行,用来验证其可执行程序代码的各个部分是否已达到了预期的功能要求;集成测试验证了2个或多个单元之间的集成是否正确,并且有针对性地对详细设计中所定义的各单元之间的接口进行检查;在单元测试和集成测试完成之后,系统测试开始用客户环境模拟系统的运行,以验证系统是否达到了在概要设计中所定义的功能和性能;最后,当技术部门完成所有测试工作,由业务专家或用户进行验收测试,以确保产品能真正符合用户业务上的需求。

图2-2描绘出了各个测试环节在整个软件测试工作中的相互联系与制约关系。V模型的软件测试既包括底层测试又包括高层测试。底层测试是为了验证源代码的正确性,高层测试是为了使整个系统满足用户的需求。V模型存在着一定的局限性,它把测试作为编码之后的最后一项工作,这将导致需求分析等前期产生的错误直到后期的验收测试时才能被发现。

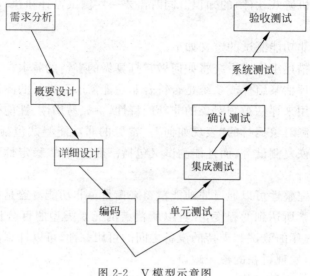

图 2-2　V 模型示意图

2.2.2　W 模型

W 模型由 Evolutif 公司提出,相对于 V 模型,W 模型更科学。W 模型示意图如图 2-3 所示。W 模型是 V 模型的发展,强调的是测试伴随着整个软件开发周期,而且测试的对象不仅是程序,需求、功能和设计同样要测试。测试与开发是同步进行的,从而有利于尽早地发现问题。

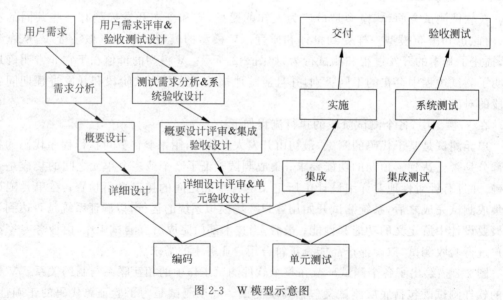

图 2-3　W 模型示意图

W 模型也有局限性。W 模型和 V 模型都把软件的开发视为需求、设计、编码等一系列串行的活动,无法支持迭代、自发性以及变更调整。

2.2.3 H模型

相对于V模型和W模型,H模型将测试活动完全独立出来,形成了一个完全独立的流程,将测试准备活动和测试执行活动清晰地体现出来。H模型示意图如图2-4所示。

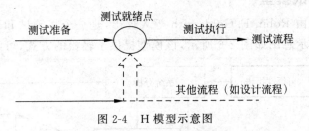

图2-4 H模型示意图

图2-4只展示在整个生产周期中某个层次上的一次测试"微循环"。图中标注的其他流程可以是任意的开发流程。例如,设计流程或编码流程。也就是说,只要测试条件成熟,测试准备活动完成,就可以进行测试执行活动。

H模型揭示了一个原理:软件测试是一个独立的流程,以独立完整"微循环"的方式参与软件开发生命周期的各个阶段,与其他流程并发地进行。H模型指出软件测试要尽早准备,尽早执行,只要某个测试达到准备就绪点,测试执行活动就可以开展,并且不同的测试活动可按照某个次序先后进行,但也可以是反复进行的。

2.2.4 X模型

X模型的基本思想由Marick提出,它弥补了V模型欠缺测试设计环节和不能进行测试回溯的缺陷,并且增加了探索测试这种新的测试思维方式。

X模型示意图如图2-5所示,X模型的左边描述的是针对单独程序片段所进行的相互分离的编码和测试,此后将进行频繁的交接,通过集成最终成为可执行的程序,然后再对这些可执行程序进行测试。已通过集成测试的成品可以进行封装并提交给用户,也可以作为更大规模和范围内集成的一部分。多根并行的曲线表示变更可以在各个部分发生。

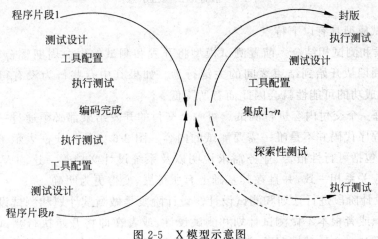

图2-5 X模型示意图

图 2-5 中,X 模型的右下方定位了探索性测试,这是不进行事先计划的特殊类型的测试,这一方式可以帮助有经验的测试人员在测试计划之外发现更多的软件错误。但这样可能对测试造成人力、物力和财力的浪费,对测试员的熟练程度要求比较高。

2.2.5 前置测试模型

前置测试模型由 Robin F. Goldsmith 等人提出,是一个将测试和开发紧密结合的模型。前置测试模型示意图如图 2-6 所示,该模型提供了轻松的方式,可以加快项目速度。

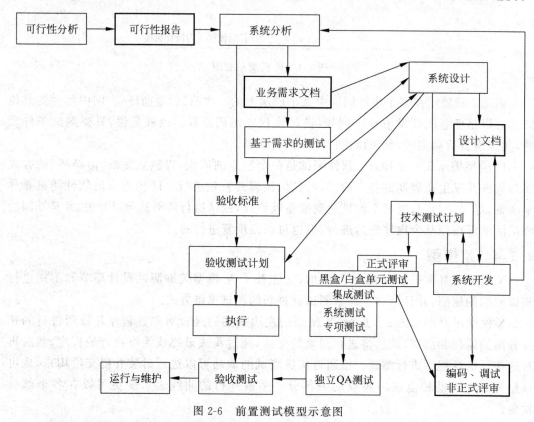

图 2-6 前置测试模型示意图

前置测试模型具有以下特点。

(1) 开发和测试相结合。前置测试模型将开发和测试的生命周期整合在一起,标识了项目生命周期从开始到结束之间的关键行为。如果其中有些行为没有得到很好的执行,那么项目成功的可能性就会因此而有所降低。

(2) 对每一个交付内容进行测试。每一个交付的开发结果都必须通过一定的方式进行测试。源程序代码并不是唯一需要测试的内容。图 2-6 中的粗线框表示了其他一些要测试的对象,包括可行性报告、业务需求说明以及系统设计文档等。这同 V 模型中开发和测试的对应关系相一致,并且在其基础上有所扩展,变得更为明确。

(3) 在设计阶段进行计划和测试设计。设计阶段是做测试计划和测试设计的最好时机。很多组织或者根本不做测试计划和测试设计,或者在即将开始执行测试之前才完成测试计划和设计。在这种情况下,测试只是验证了程序的正确性,而不是验证整个系统本该实现的内容。

（4）测试和开发结合在一起。前置测试将测试执行和开发结合在一起，并在开发阶段以编码—测试—编码—测试的方式来体现。即程序片段一旦编写完成，就会立即进行测试。

（5）让验收测试和技术测试保持相互独立。前置测试模型提倡验收测试和技术测试沿 2 条不同的路线进行，每条路线分别验证系统是否能够如预期的设想正常工作，以保证设计及程序编码最终能够符合用户的需求。

（6）反复交替的开发和测试。在项目中，从很多方面可以看到变更的发生，例如跟踪并纠正以前提交的内容，修复错误，以及增加新发现的功能等。开发和测试需要一起反复交替地执行。

（7）发现内在的价值。前置测试能给需要使用测试技术的开发人员、测试人员、项目经理和用户等带来很多不同于传统方法的内在的价值。与以前的方法中很少划分优先级所不同的是，前置测试用较低的成本来及早发现错误，并且充分强调了测试对确保系统高质量的重要意义。

小结

根据程序是否运行，可以把软件测试方法分为静态测试和动态测试两大类。根据测试步骤的不同出发点，可以将软件测试分为黑盒测试与白盒测试。这两组方法可以进行某种形式组合，来满足测试要求。

习题

1. 名词解释：静态测试、动态测试、黑盒测试、白盒测试。
2. 简述静态测试和动态测试的区别。
3. 比较阐述黑盒测试和白盒测试的优缺点。
4. 软件测试过程模型有哪些？它们的主要特点是什么？

第2部分

软件测试提高

本部分概要

第 3 章　软件测试的执行阶段
第 4 章　软件测试计划与文档
第 5 章　软件自动化测试
第 6 章　软件测试管理
第 7 章　软件测试职业

第 3 章

软件测试的执行阶段

软件产品种类繁多,测试过程千变万化,为了能够找到系统中绝大部分的软件缺陷,必须构建各种行之有效的测试方法与策略。本章通过讲述软件测试的整个流程,帮助读者了解单元测试、集成测试、确认测试、系统测试和验收测试等基本测试方法。

3.1 软件测试过程

软件测试过程按各测试阶段的先后顺序可分为单元测试、集成测试、确认(有效性)测试、系统测试和验收(用户)测试 5 个阶段,如图 3-1 所示。

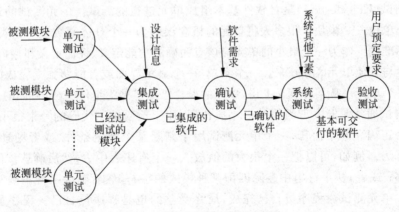

图 3-1 软件测试各阶段示意图

单元测试:测试执行的开始阶段。测试对象是每个单元。测试目的是保证每个模块或组件能正常工作。单元测试主要采用白盒测试方法,检测程序的内部结构。

集成测试:也称组装测试。在单元测试基础上,对已测试过的模块进行组装,进行集成测试。测试目的是检验与接口有关的模块之间的问题。集成测试主要采用黑盒测试方法。

确认测试:也称有效性测试。在完成集成测试后,验证软件的功能和性能及其他特性是否符合用户要求。测试目的是保证系统能够按照用户预定的要求工作。确认测试通常采用黑盒测试方法。

系统测试:在完成确认测试后,为了检验它能否与实际环境(如软硬件平台、数据和人员等)协调工作,还需要进行系统测试。经过系统测试之后,软件产品基本能满足开发要求。

验收测试:测试过程的最后一个阶段。验收测试主要突出用户的作用,同时软件开发人员也应该参与进去。

软件测试阶段的输入信息包括两类。

(1) 软件配置:指测试对象。通常包括需求说明书、设计说明书和被测试的源程序等。

(2) 测试配置:通常包括测试计划、测试步骤、测试用例以及具体实施测试的测试程序、测试工具等。

对测试结果与预期的结果进行比较以后,即可判断程序是否存在错误,从而决定是否进入排错阶段,进行调试任务。另外,对修改以后的程序要进行重新测试,因为修改可能会带来新的问题。通常根据软件测试的出错率来预估被测软件的可靠性,这将对软件运行后的维护工作具有重要价值。

3.2 单元测试

1. 单元测试的定义

单元测试(Unit Testing)是对软件基本组成单元进行的测试。单元测试的对象是软件设计的最小单位——模块。很多人将单元的概念误解为一个具体函数或一个类的方法,这种理解并不准确。作为一个最小的单元应该有明确的功能定义、性能定义和接口定义,而且可以清晰地与其他单元区分开来。一个菜单、一个显示界面或者能够独立完成的具体功能都可以是一个单元。从某种意义上讲,单元的概念已经扩展为组件(Component)。

单元测试通常是开发者编写的一小段代码,用于检验被测代码的一个很小的、很明确的功能是否正确。通常而言,一个单元测试用于判断某个特定条件(或者场景)下某个特定函数的行为。例如,可以把一个很大的值放入一个有序表中去,然后确认该值出现在有序表的尾部;或者,从字符串中删除匹配某种模式的字符,然后确认字符串确实不再包含这些字符。单元测试由程序员自己完成,最终受益的也是程序员自己。程序员有责任编写功能代码,同时也有责任为自己的代码编写单元测试。执行单元测试是为了证明这段代码的行为和期望的一致。像工厂在组装一台电视机之前,会对每个元件都进行测试一样,需要对软件的基本组成单元进行测试,这就是单元测试。其实,程序员每天都在做单元测试。例如,程序员写完一个函数总是要执行一下,以确认函数的功能是否正常;有时,还要输出一些提示信息,比如弹出信息窗口等。一般把这种单元测试称为临时单元测试。对于程序员来说,如果养成对自己写的代码进行单元测试的习惯,不但可以写出高质量的代码,而且能提高编程水平。

2. 单元测试的目标

单元测试的主要目标是确保各单元模块被正确地编码。单元测试除了保证测试代码的功能性外,还需要保证代码在结构上具有可靠性和健全性,并且能够在所有条件下正确响应。进行全面的单元测试,可以减少应用级别测试所需的工作量,并且彻底减少系统产生错误的可能性。如果手动执行,单元测试可能需要大量的工作,自动化测试会提高测试效率。

3. 单元测试的内容

单元测试的主要内容有以下几个方面。

(1) 模块接口测试:对通过被测模块的数据流进行测试。为此,对模块接口来说,包括参数表、调用子模块的参数、全程数据、文件输入/输出操作都必须进行检查。

(2) 局部数据结构测试:设计测试用例检查数据类型说明、初始化、默认值等方面的问题,还要查清全程数据对模块的影响。

(3) 独立路径测试:选择适当的测试用例,对模块中重要的执行路径进行测试。对基本执行路径和循环进行测试可以发现大量的路径错误。

(4) 错误处理测试:检查模块的错误处理功能是否有错误或缺陷。例如,是否拒绝不合理的输入;出错的描述是否难以理解、对错误定位是否有误、出错原因报告是否有误、对错误条件的处理是否有误;在对错误处理之前,错误条件是否已经引起系统的干预等。

(5) 边界条件测试:在测试中,要特别注意数据流、控制流中刚好等于、大于或小于确定的比较值时出错的可能性。对这些地方要仔细地选择测试用例,认真测试。此外,如果对模块运行时间有要求,还要专门进行关键路径测试,以确定最坏情况下和平均意义情况下影响模块运行时间的因素。这类信息对软件进行性能评价十分有用。

上述这些测试都作用于模块,共同完成单元测试任务,如图 3-2 所示。

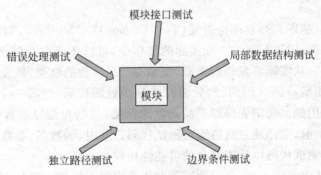

图 3-2 单元测试任务

4. 单元测试的步骤

单元测试通常在编码阶段进行。当源程序代码编制完成,经过评审和验证,确认没有语法错误之后,就开始进行单元测试的测试用例设计。利用设计文档,设计可以验证程序功能、找出程序错误的多个测试用例。对于每一组输入,应有预期的正确结果。

模块并不是一个独立的程序,在考虑测试模块时,同时要考虑它和外界的联系,用一些辅助模块去模拟与被测模块相关联的其他模块。这些辅助模块可分为以下两种。

（1）驱动模块（Drive Module）：相当于被测模块的主程序。它接收测试数据，把这些数据传送给被测模块，最后输出实测结果。

（2）桩模块（Stub Module）：用以代替被测模块调用的子模块。桩模块可以做少量的数据操作，不需要把子模块所有功能都带进来，但不允许什么事情也不做。

被测模块、与它相关的驱动模块以及桩模块共同构成了一个"测试环境"，如图 3-3 所示。

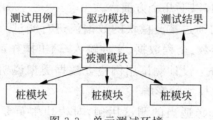

图 3-3 单元测试环境

如果一个模块要完成多种功能，并且以程序包或对象类的形式出现，例如 Ada 中的包，Module 中的模块，C++中的类，这时可以将模块看成由几个小程序组成，对其中的每个小程序先进行单元测试，对关键模块还要做性能测试。对支持某些标准规程的程序，还需进行互联测试。有人把这种情况称为模块测试，以区别单元测试。

5．采用单元测试的原因

程序员编写代码时，一定会反复调试保证其能够通过编译。但代码通过编译，只能说明代码的语法正确，程序员无法保证代码的语义也一定正确。没有任何人可以轻易承诺某段代码的行为一定是正确的。单元测试就是用来验证这段代码的行为是否与软件开发人员期望的一致。有了单元测试，程序员可以自信地交付自己的代码，而没有任何后顾之忧。

单元测试越早越好。开发理论讲究（Test-Driven Development，TDD）即测试驱动开发，先编写测试代码，再进行开发。在实际的工作中，可以不必过分强调先干什么后干什么，重要的是高效。从实际开发经验来看，先编写产品函数的框架，然后编写测试函数，针对产品函数的功能编写测试用例，然后编写产品函数的代码，每写一个功能点都运行测试，随时补充测试用例。所谓先编写产品函数的框架，是指先编写函数空的实现，有返回值的任意返回一个值，编译通过后再编写测试代码。这时，函数名、参数表、返回类型都已经确定，所编写的测试代码以后需修改的可能性比较小。

单元测试与其他测试不同，单元测试可看作是编码工作的一部分，由程序员完成。也就是说，经过了单元测试的代码才是已完成的代码，提交产品代码时也要同时提交测试代码。在传统的结构化编程语言中，比如 C 语言，要进行测试的单元一般是函数或子过程。在像 C++这样的面向对象的语言中，要进行测试的基本单元是类。对 Ada 语言来说，开发人员可以选择是在独立的过程或函数，还是在 Ada 包的级别上进行单元测试。单元测试的原则同样被扩展到第四代语言（Fourth-Generation Language，4GL）的开发中，在这里，基本单元被典型地划分为一个菜单或显示界面。单元测试是作为无错编码的一种辅助手段，在一次性的开发过程中使用。另外，单元测试必须是可重复的，无论是在软件修改，还是移植到新的运行环境的过程中。因此，所有的测试都必须在整个软件系统的生命周期中进行维护。

通过单元测试，测试人员可以验证开发人员所编写的代码是按照先前设想的方式进行的，输出结果符合预期值，这就实现了单元测试的目的。与后面阶段的测试相比，单元测试创建简单，维护容易，并且可以更方便地进行重复。《实用软件度量》(Capers Jones, McGraw-Hill, 1991)一书中列出了各测试阶段在准备测试、执行测试和修改缺陷方面所花费的时间(以一个功能点为基准)，单元测试的成本效率大约是集成测试的两倍、系统测试的三倍，如图 3-4 所示。术语域测试是指软件在投入使用后，针对某个领域所做的所有测试活动。

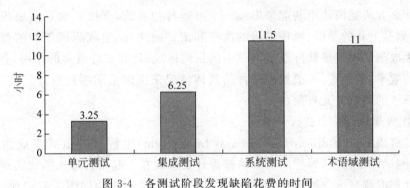

图 3-4　各测试阶段发现缺陷花费的时间

3.3　集成测试

1. 集成测试的定义

在完成单元测试的基础上，需要将所有模块按照设计要求组装成为系统。这时需要考虑以下问题。

(1) 在把各个模块连接起来的时候，穿越模块接口的数据是否会丢失。

(2) 一个模块的功能是否会对另一个模块的功能产生不利的影响。

(3) 各个子功能组合起来，能否达到预期要求的父功能。

(4) 全局数据结构是否有问题。

(5) 单个模块的误差累积起来，是否会放大，从而达到不能接受的程度。

(6) 单个模块的错误是否会导致数据库错误。

集成测试(Integration Testing)是介于单元测试和系统测试之间的过渡阶段，与软件开发计划中的软件概要设计阶段相对应，是单元测试的扩展和延伸。集成测试的定义是根据实际情况对程序模块采用适当的集成测试策略组装起来，对系统的接口以及集成后的功能进行正确校验的测试工作。集成测试也称为综合测试。实践表明，软件的一些模块能够单独地工作，但并不能保证连接之后也能正常工作。程序在某些局部反映不出来的问题，在全局上有可能暴露出来，影响软件功能的实现。所以，集成测试是针对程序整体结构的测试。

2. 集成测试的层次

软件的开发过程是一个从需求到概要设计、详细设计以及编码的逐步细化的过程,那么单元测试到集成测试再到系统测试则是一个逆向求证的过程。集成测试内部对于传统软件和面向对象的应用系统有两种层次的划分。

对于传统软件来讲,可以把集成测试划分为三个层次:模块内集成测试、子系统内集成测试和子系统间集成测试。

对于面向对象的应用系统来说,可以把集成测试分为两个阶段:类内集成测试和类间集成测试。

3. 集成测试的模式

选择什么方式把模块组装起来形成一个可运行的系统,直接影响到模块测试用例的形式、所用测试工具的类型、模块编号的次序和测试的次序、生成测试用例的费用和调试的费用。集成测试模式是软件集成测试中的策略体现,具有非常重要的作用,直接关系到软件测试的效率、结果等,一般根据软件的具体情况来决定采用哪种模式。通常,把模块组装成为系统的测试方式有两种。

1) 一次性集成测试方式

一次性集成测试方式(No-incremental Integration)也称非增值式集成测试。测试时,先分别测试每个模块,再把所有模块按设计要求放在一起结合成所需要实现的程序。

一次性集成测试方式的实例如图 3-5 所示。整个系统结构如图 3-5(a)所示,共包含 6 个模块,具体测试过程如下。

对模块 B 进行单元测试。为模块 B 配备驱动模块 D1,用来模拟模块 A 对 B 的调用;为模块 B 配备桩模块 S1,用来模拟模块 C 被 B 调用,如图 3-5(b)所示。

对模块 D 进行单元测试。为模块 D 配备驱动模块 D3 以及桩模块 S2,如图 3-5(d)所示。

对模块 C、E、F 分别进行单元测试。为模块 C、E、F 分别配备驱动模块 D2、D4、D5,如图 3-5(c)、图 3-5(e)、图 3-5(f)所示。

对模块 A 进行单元测试。为主模块 A 配备三个桩模块 S3、S4、S5,如图 3-5(g)所示。

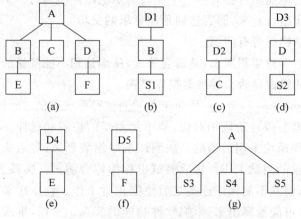

图 3-5　一次性集成测试方式实例

在将模块 A、B、C、D、E 分别进行了单元测试之后,再一次性进行集成测试。测试结束。

2) 增值式集成测试方式

把下一个要测试的模块同已经测试好的模块结合起来进行测试,测试完毕,再把下一个应该测试的模块结合进来继续进行测试。在组装的过程中边连接边测试,以发现连接过程中产生的问题。通过增值逐步组装成为预先要求的软件系统。增值式集成测试方式有三种。

(1) 自顶向下增值测试方式(Top-down Integration)。主控模块作为测试驱动,所有与主控模块直接相连的模块作为桩模块;根据集成的方式(深度或广度),每次用一个模块把从属的桩模块替换成真正的模块;在每个模块被集成时,都必须已经进行了单元测试;进行回归测试以确定集成新模块后没有引入错误。这种组装方式将模块按系统程序结构,沿着控制层次自顶向下进行组装。自顶向下的增值方式在测试过程中较早地验证了主要的控制和判断点。选用按深度方向组装的方式,可以首先实现和验证一个完整的软件功能。

按照深度优先方式遍历的自顶向下增值的集成测试实例如图 3-6 所示。具体测试过程如下。

在树状结构图中,按照先左后右的顺序确定模块集成路线。

先对顶层的主模块 A 进行单元测试。就是对模块 A 配以桩模块 S1、S2 和 S3,用来模拟它所实际调用的模块 B、C、D,然后进行测试,如图 3-6(a)所示。

用实际模块 B 替换掉桩模块 S1,与模块 A 连接,再对模块 B 配以桩模块 S4,用来模拟模块 B 对 E 的调用,然后进行测试,如图 3-6(b)所示。

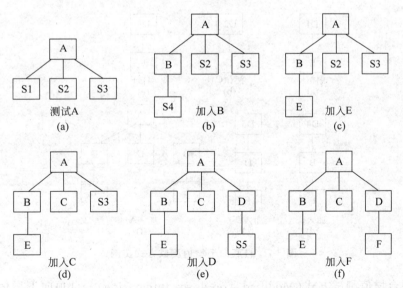

图 3-6 自顶向下增值测试方式实例

将模块 E 替换掉桩模块 S4 并与模块 B 相连,然后进行测试,如图 3-6(c)所示。

判断模块 E 没有叶子节点,即以 A 为根节点的树状结构图中的最左侧分支深度遍历结束。转向下一个分支。

模块 C 替换掉桩模块 S2,连到模块 A 上,然后进行测试,如图 3-6(d)所示。

判断模块 C 没有桩模块,转到树状结构图的最后一个分支。

模块 D 替换掉桩模块 S3,连到模块 A 上,同时给模块 D 配以桩模块 S5,来模拟其对模块 F 的调用,然后进行测试,如图 3-6(e)所示。

去掉桩模块 S5,替换成实际模块 F 连接到模块 D 上,然后进行测试,如图 3-6(f)所示。

通过上述步骤完成对树状结构图的完全测试,测试结束。

(2) 自底向上增值测试方式(Bottom-up Integration)。组装从最底层的模块开始,组合成一个构件,用以完成指定的软件子功能。编制驱动程序,协调测试用例的输入与输出;测试集成后的构件;按程序结构向上组装测试后的构件,同时除掉驱动程序。这种组装的方式是从程序模块结构的最底层的模块开始组装和测试。因为模块是自底向上进行组装,对于一个给定层次的模块,它的子模块(包括子模块的所有下属模块)已经组装并测试完成,所以不再需要桩模块。在模块的测试过程中需要从子模块得到的信息可以通过直接运行子模块获得。

按照自底向上增值的集成测试实例如图 3-7 所示。首先,对处于树状结构图中叶子节点位置的模块 E、C、F 进行单元测试,如图 3-7(a)~(c)所示,分别配以驱动模块 D1、D2 和 D3,用来模拟模块 B、模块 A 和模块 D 对它们的调用。然后去掉驱动模块 D1 和 D3,替换成模块 B 和 D 分别与模块 E 和 F 相连,并且设立驱动模块 D4 和 D5 进行局部集成测试,如图 3-7(d)和图 3-7(e)所示。最后,对整个系统结构进行集成测试,如图 3-7(f)所示。

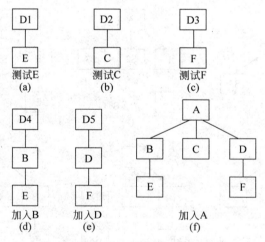

图 3-7 自底向上增值测试方式实例

(3) 混合增值测试方式(Modified Top-down Integration)。自顶向下增值的方式和自底向上增值的方式各有优缺点。

自顶向下增值方式的缺点是需要建立桩模块。要使桩模块能够模拟实际子模块的功能十分困难,同时涉及复杂算法。真正输入/输出的模块一般在底层,是最容易出现问题的模块,并且直到组装和测试的后期才会遇到这些模块,一旦发现问题,将会导致过多的回归测试。

自顶向下增值方式的优点是能够较早地发现在主要控制方面的问题。

自底向上增值方式的缺点是"程序一直未能作为一个实体存在,直到最后一个模块加上去后才形成一个实体",即在自底向上组装和测试的过程中,对主要的控制直到最后才接触到。

自底向上增值方式的优点是不需要桩模块,建立驱动模块一般比建立桩模块容易,同时由于涉及复杂算法和真正输入/输出的模块最先得到组装和测试,可以把最容易出现问题的部分在早期解决。此外,自底向上增值的方式可以实施多个模块的并行测试。

有鉴于此,通常是把自顶向下增值测试方式和自底向上增值测试方式结合起来进行组装和测试。

改进的自顶向下增值测试:基本思想是强化对输入/输出模块和引入新算法模块的测试,并自底向上组装成为功能相当完整且相对独立的子系统,然后由主模块开始自顶向下进行增值测试。

自底向上—自顶向下的增值测试(混合法):首先对含读操作的子系统自底向上直至根结点模块进行组装和测试,然后对含写操作的子系统做自顶向下的组装与测试。

回归测试:这种方式采取自顶向下的方式测试被修改的模块及其子模块,然后将这一部分视为子系统,再自底向上测试,以检查该子系统与其上级模块的接口是否适配。

3) 一次性集成测试方式与增值式集成测试方式的比较

(1) 增值式集成测试方式需要编写的软件较多,工作量较大,花费的时间较多。一次性集成测试方式的工作量较小。

(2) 增值式集成测试方式发现问题的时间比一次性集成测试方式发现问题的时间早。

(3) 增值式集成测试方式比一次性集成测试方式更容易判断出现问题的原因,因为新出现的问题往往和最后加进来的模块有关。

(4) 增值式集成测试方式测试地更加彻底。

(5) 一次性集成测试方式可以多个模块并行测试。

这两种模式在测试时各有利弊,在时间条件允许的情况下增值式集成测试方式有一定的优势。

4. 集成测试的组织和实施

集成测试是一种正规测试过程,必须精心计划,并与单元测试的完成时间协调起来。在制订测试计划时,应考虑以下因素。

(1) 采用何种系统组装方法来进行组装测试。

(2) 组装测试过程中连接各个模块的顺序。

(3) 模块代码编制和测试进度是否与组装测试的顺序一致。

(4) 测试过程中是否需要专门的硬件设备。

在确定好上述问题之后,就可以列出各个模块的编制、测试计划表,标明每个模块单元测试完成的日期、首次集成测试的日期、集成测试全部完成的日期,以及需要的测试用例和所期望的测试结果。

在缺少软件测试所需要的硬件设备时,应检查该硬件的交付日期是否与集成测试计划一致。例如,若测试需要数字化仪和绘图仪,则相应的测试应安排在这些设备能够投入使用之时,并需要为硬件的安装和交付使用预留一段时间。此外,在测试计划中需要考虑测试所需软件(驱动模块、桩模块、测试用例生成程序等)的准备情况。

5. 集成测试完成的标志

判定集成测试过程是否完成,可按以下几个方面检查。

(1) 是否成功地执行了测试计划中规定的所有集成测试。

(2) 是否修正了测试时所发现的错误。

(3) 测试结果是否通过了专门小组的评审。

集成测试应由专门的测试小组来进行,测试小组由有经验的系统设计人员和程序员组成。整个测试活动要在评审人员出席的情况下进行。在完成预定的组装测试工作之后,测试小组应负责对测试结果进行整理、分析,形成测试报告。测试报告中要记录实际的测试结果、在测试中发现的问题、解决这些问题的方法以及解决之后再次测试的结果。此外,测试报告还应提出目前不能解决、需要管理人员和开发人员注意的一些问题,提供测试评审和最终决策,提出处理意见。集成测试需要提交的文档有:集成测试计划、集成测试规格说明、集成测试分析报告。

6. 采用集成测试的原因

所有的软件项目都必须经过系统集成这个阶段。不管采用什么开发模式,具体的开发工作总是从一个一个的软件单元开始,软件单元只有经过集成才能形成一个有机的整体。具体的集成过程可能是显性的也可能是隐性的。在软件单元组装过程中通常会出现一些常见问题。集成测试需要花费的时间远超过单元测试,直接从单元测试过渡到系统测试是非常危险的做法,这可能使整个软件开发项目所耗费的时间成倍地增加。集成测试的必要性还在于一些模块虽然能够单独工作,但并不能保证这些模块连接起来也能正常工作。程序在某些局部反映不出来的问题,有可能会在全局上暴露出来,影响软件功能的实现。

3.4 确认测试

1. 确认测试的定义

集成测试完成以后,分散开发的模块被连接起来,构成完整的程序。其中,各模块之间接口存在的问题都已消除。于是,测试工作进入确认测试(Validation Testing)阶段。

什么是确认测试?说法众多,其中最简明、最严格的解释是检验所开发的软件是否能按用户提出的要求运行。若能达到这一要求,则认为开发的软件是合格的。因而有的软件开发部门把确认测试称为合格性测试(Qualification Testing)。这里所说的客户要求通常指的是在软件规格说明书中确定的软件功能和技术指标,或是专门为测试所规定的确认准则。在确认测试阶段需要做的工作如图3-8所示。首先要进行有效性测试以及软件配置审查,然后进行验收测试和安装测试,在通过了专家鉴定之后,才能成为可交付的软件。

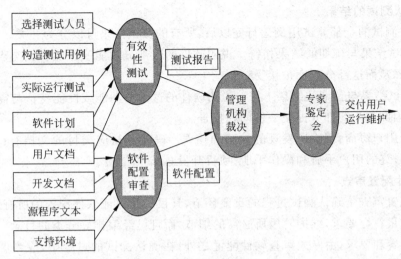

图 3-8　确认测试阶段的工作

确认测试又称有效性测试。它的任务是验证软件的功能和性能及其特性是否与客户的要求一致。对软件的功能和性能要求在软件需求规格说明中已经做出明确规定。

2．确认测试的准则

如何判断开发的软件是否成功？为了确认软件的功能、性能以及限制条件是否达到了用户的要求，应该如何测试？在需求规格说明书中可能对软件的功能、性能等做了原则性规定，但在测试阶段需要更详细、更具体地在测试规格说明书（Test Specification）中做进一步说明。例如，制订测试计划时，要说明确认测试应该测试哪些方面，并给出必要的测试用例。除了考虑软件的功能和性能以外，还需要检验其他方面的要求。例如，软件的可移植性、兼容性、可维护性、人机接口以及开发的文件资料等是否符合要求。经过确认测试，应该为已开发的软件做出以下两种结论性评价之一。

（1）经过检验，软件的功能、性能及其他要求均已满足软件需求规格说明书的规定，因而可被接受，可以认为是合格的软件。

（2）经过检验，发现软件的功能、性能及其他要求等与软件需求规格说明书中的规定有相当大的差距，得到一个各项缺陷的清单。

对于第二种情况，通常很难在交付期以前把发现的问题纠正过来。这就需要开发部门和客户进行协商，找出解决的办法。

3．进行有效性测试

有效性测试是在模拟的环境（可能是开发环境）下，运用黑盒测试的方法，验证所测试软件是否满足需求规格说明书中列出的需求。为此，需要首先制订测试计划，规定要做测试的种类，还需要制定一组测试步骤，描述具体的测试用例。通过实施预定的测试计划和测试步骤，确定软件的特性是否与需求相符，确保所有的软件功能需求都能得到满足，所有的软件性能需求都能达到要求，所有的文档都正确且易于使用。同时，对软件的其他需求，如可移植性、兼容性、自动恢复、可维护性等，也都要进行测试，以确认是否满足要求。

4. 确认测试的结果

在软件测试的全部测试用例运行完以后,所有的测试结果可以分为两类。

(1)测试结果与预期的结果相符。说明软件的这部分功能或性能特征与需求规格说明书相符合,从而这部分程序被接受。

(2)测试结果与预期的结果不符。说明软件的这部分功能或性能特征与需求规格说明不一致,因此要为此部分提交一份问题报告。

通过与用户协商,解决所发现的缺陷和错误。确认测试应交付的文档有:确认测试分析报告、最终的用户手册和操作手册、项目开发总结报告。

5. 软件配置审查

软件配置审查是确认测试过程的重要环节,其目的是保证软件配置的所有成分齐全,各方面的质量符合要求,维护阶段所必需的细节,而且已经编排好分类的目录。除了按合同规定的内容和要求,由专人审查软件配置之外,在确认测试的过程中,应当严格遵守用户手册和操作手册中规定的使用步骤,以便检查这些文档资料的完整性和正确性。负责软件配置审查的人员必须仔细记录发现的遗漏和错误,并且适当地补充和改正。

3.5 系统测试

1. 系统测试的定义

软件产品离不开其运行的环境,最终还是要和系统中的其他部分,如硬件系统、数据信息等集成起来。因此,在软件产品投入运行以前要完成系统测试(System Testing),以保证各组成部分不仅能单独地得到检验,而且在系统各部分协调工作的环境下也能正常工作。尽管每一个检验有特定的目标,然而所有的检测工作都要验证系统中每个部分均得到正确的集成,并完成制定的功能。在软件的各类测试中,系统测试最接近人们的日常测试实践。系统测试是将已经集成好的软件系统,作为整个计算机系统的一个元素,与计算机硬件、外设、某些支持软件、数据和人员等其他系统元素结合在一起,在实际运行环境下,对计算机系统进行一系列的组装测试和确认测试。

2. 系统测试的流程

系统测试流程如图 3-9 所示。由于系统测试的目的是验证最终软件系统是否满足产品需求并且遵循系统设计,所以当完成产品需求和系统设计文档之后,系统测试小组就可以提前开始制订测试计划和设计测试用例,不必等到集成测试阶段结束再进行,从而提高系统测试的效率。

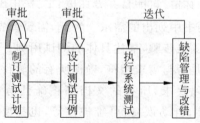

图 3-9 系统测试流程

3．系统测试的目标

（1）确保系统测试的活动是按计划进行的。

（2）验证软件产品是否与系统需求用例不相符合或与之矛盾。

（3）建立完善的系统测试缺陷记录跟踪库。

（4）确保软件系统测试活动及其结果及时通知相关小组和个人。

4．系统测试的方针

（1）为项目指定一个测试工程师负责贯彻和执行系统测试活动。

（2）测试组向各事业部总经理/项目经理报告系统测试的执行状况。

（3）系统测试活动遵循文档化的标准和过程。

（4）向外部用户提供经系统测试验收通过的项目。

（5）建立相应项目的缺陷(Bug)库，用于系统测试阶段项目不同生命周期的缺陷记录和缺陷状态跟踪。

（6）定期对系统测试活动及结果进行评估，向各事业部经理/项目办总监/项目经理汇报项目的产品质量信息及数据。

5．系统测试的设计

为了保证系统测试质量，必须在测试设计阶段对系统进行严密的测试设计。在测试设计中，需要从多方面考虑系统规格的实现情况，通常需要从用户层、应用层、功能层、子系统层、协议层这五个层次来进行设计。

（1）用户层：主要是面向产品最终的使用者的测试。重点突出从使用者的角度上，测试系统对用户支持的情况，用户界面的规范性、友好性、可操作性，以及数据的安全性。用户层的测试主要包括：用户支持测试、用户界面测试、可维护性测试、安全性测试。

（2）应用层：针对产品工程应用或行业应用的测试。重点从系统应用的角度，模拟实际应用环境，对系统的兼容性、可靠性、性能等进行的测试。应用层的测试主要有：系统性能测试、系统可靠性、稳定性测试、系统兼容性测试、系统组网测试、系统安装升级测试。

（3）功能层：针对产品具体功能实现的测试。功能层的测试主要包括：业务功能的覆盖、业务功能的分解、业务功能的组合、业务功能的冲突。

（4）子系统层：针对产品内部结构性能的测试。关注子系统内部的性能，模块间接口的瓶颈。子系统测试的主要内容有：单个子系统的性能、子系统间的接口瓶颈、子系统间的相互影响。

（5）协议/指标层：针对系统支持的协议、指标的测试。协议层的测试内容有：协议一致性测试、协议互通测试。

6．几种常见的系统测试方法

1）恢复测试

恢复测试也叫容错测试，用来检查系统的容错能力。通常若计算机系统出现错误，就必须在一定时间内从错误中恢复过来，修正错误并重新启动系统。

恢复测试是通过各种手段，让软件强制性地出错，使其不能正常工作，从而检验系统的恢复能力。对于自动进行的系统恢复，即由系统自身完成恢复工作，则应该检验重新初始化、检查点、数据恢复和重新启动等机制的正确性。对于人工干预恢复系统,要评估平均修复时间是否在可接受的范围内。

2) 安全测试

安全测试的目的在于检查系统对外界非法入侵的防范能力。在安全测试过程中,测试者扮演着非法入侵者的角色,采用各种手段试图突破防线,攻击系统。例如,测试者可以尝试通过外部的手段来破译系统的密码,或者可以有目的地引发系统错误,试图在系统恢复过程中侵入系统等。

系统的安全测试要设置一些测试用例试图突破系统的安全保密防线,用来查找系统的安全保密的漏洞。系统安全测试的准则是让非法侵入者攻击系统的代价大于保护系统安全的价值。

3) 强度测试

强度测试也称压力测试、负载测试。强度测试是要破坏程序,检测非正常的情况下,系统的负载能力。

强度测试模拟实际情况下的软硬件环境和用户使用过程的系统负荷,长时间或超负荷地运行测试软件来测试系统,以检验系统能力的最高限度,从而了解系统的可靠性、稳定性等。例如,将输入的数据值提高一个或几个数量级来测试输入功能的响应等。

实际上,强度测试就是在一些特定情况下所做的敏感测试。比如数学算法中,在一个有效的数据范围内定义一个极小范围的数据区间,这个数据区间中的数据本应该是合理的,但往往又可能会引发异常的状况或是引起错误的运行,导致程序的不稳定性。敏感测试就是为了发现这种在有效的输入数据区域内可能会引发不稳定性或者引起错误运行的数据集合和组合。

4) 性能测试

性能测试用来测试软件在系统运行时的性能表现,如运行速度、系统资源占有或响应时间等情况。对于实时系统或嵌入式系统,若只能满足功能需求而不能满足性能需求,是不能被接受的。

性能测试可以在测试过程的任意阶段进行,例如,在单元层,一个独立的模块也可以运用白盒测试方法进行性能评估。但是,只有当一个系统的所有部分都集成后,才能检测此系统的真正性能。

5) 容量测试

容量测试是指在系统正常运行的范围内测定系统能够处理的数据容量,测试系统承受超额数据容量的能力。系统容量必须满足用户需求,如果不能满足实际要求,必须努力改进,寻求解决办法;暂时无法解决的,需要在产品说明书中说明。

6) 正确性测试

正确性测试是为了检测软件的各项功能是否符合产品规格说明的要求。软件的正确性与否关系着软件的质量好坏,非常重要。

正确性测试的总体思路是设计一些逻辑正确的输入值,检查运行结果是不是期望值。

正确性测试主要有两种方法:枚举法和边界值法。

枚举法的特点是在测试时应尽量设法减少枚举的次数,从而降低测试的投入成本。

枚举次数减少的关键因素就是正确寻找等价区间,因为在等价区间里,只要随意选取一个值测试一次就可以。数学定义中,等价区间的概念如下:若(A,B)是命题$f(x)$的一个等价区间,在(A,B)中任意取x_1进行测试。如果$f(x_1)$错误,那么$f(x)$在整个(A,B)区间都将出错;如果$f(x_1)$正确,那么$f(x)$在整个(A,B)区间都将正确。

枚举法需要依靠直觉和经验来找到等价区间,在程序相当复杂的情况下,枚举测试非常有难度。

边界值测试即采用定义域或者等价区间的边界值进行测试。因为程序设计人员很容易疏忽边界值,程序也最容易在边界值上出现问题。例如,测试平方根函数的一段程序,凭直觉输入等价区间应是(0,1)和(1,+∞),可取$x=0.5$以及$x=0.2$进行等价测试,再取$x=0$以及$x=1$进行边界值测试。

7) 可靠性测试

可靠性测试是从验证的角度出发,检验系统的可靠性是否达到预期的目标,同时给出当前系统可能的可靠性增长情况。可靠性测试需要从用户的角度出发,模拟用户实际使用系统的情况,设计出系统的可操作视图。在这个基础上,根据输入空间的属性以及依赖关系导出测试用例,然后在仿真的环境或真实的环境下执行测试用例并记录测试的数据。

对可靠性测试来说,最关键的是测试数据包括失效间隔时间、失效修复时间、失效数量、失效级别等。根据获得的测试数据,应用可靠性模型,可以得到系统的失效率以及可靠性增长趋势。

8) 兼容性测试

现今,用户对各种软件之间相互兼容、共享数据的能力要求越来越高,所以软件的兼容性测试非常重要。

软件兼容性测试是检测各软件之间能否正常地交互、共享信息,能否正确的和软件合作完成数据处理,从而保障软件能够按照用户期望的标准进行交互,多个软件共同完成指定的任务。

交互可以在运行于同计算机上的两个程序之间进行,也可以通过因特网,在远距离连接的两个程序间进行。交互也可以简化为在移动存储设备上保存数据,再在其他计算机上运行。

兼容性的测试通常需要解决以下问题:新开发的软件需要与哪种操作系统、Web 浏览器和应用软件保持兼容,如果要测试的软件是一个平台,那么要求应用程序能在其上运行。应该遵守哪种定义软件之间交互的标准或者规范。软件使用何种数据与其他平台、与新的软件进行交互和共享信息。

兼容性通常有以下几种。

(1) 向前兼容与向后兼容。向前兼容是指可以使用软件的未来版本;向后兼容是指可以使用软件的以前版本。并非所有的软件都能够向前兼容和向后兼容。

(2) 不同版本间的兼容。实现测试平台和应用软件多个版本之间能够正常工作是一项困难的任务。例如,现在要测试一个流行的操作系统的新版本,当前的操作系统可能包含有上百万程序,新操作系统要求与当前操作系统完全兼容。因为不可能在一个操作系统上测试所有的软件程序,因此需要决定哪些软件是最重要的,是必须要进行测试的。对于测试新的应用软件程序也一样,需要决定在何种平台上进行测试,与什么样的应用程序一起测试。

(3) 标准和规范。适用于软件平台的标准和规范有两个级别:高级标准和低级标准。

高级标准是产品应当普遍遵守的标准。例如,软件能在何种操作系统上运行,是否是因特网上的程序,运行于何种浏览器。每一项问题都关系到平台,假若应用程序声明与某个平台兼容,就必须遵守关于该平台的标准和规范。例如,MS Windows 认证徽标,软件为了得到这个徽标,就必须通过独立测试实验室的兼容性测试,其目的就是确保软件在 Windows 操作系统上能平稳可靠地运行。

低级标准是对产品开发细节的描述,从某种意义上说,低级标准比高级标准更加重要。假如创建了一个运行在 Windows 之上的程序,但它与其他 Windows 软件在界面和操作上都有很大的不同,那么该软件将无法获得 MS Windows 认证徽标。如果是一个图形软件,保存的文件格式却不符合图片文件扩展名的标准,用户就无法在其他程序中查看该文件。软件与标准不兼容,通常将较快地被淘汰。

同样,在通信协议、编程语言语法以及用于共享信息的任何形式都必须符合公开的标准与规范。

数据共享兼容。应用程序之间共享数据增强了软件功能。如果一个程序支持并遵守公开的标准,允许用户与其他软件无障碍地传输数据,这个程序就是一个兼容性好的产品。

在 Windows 环境下,剪切、复制和粘贴是程序间常见的一种数据共享方式。在这种情况下,传输通过剪贴板的程序来实现。剪贴板能存放各种不同的数据类型。Windows 中常见的数据类型包括文本、图片和声音等,这些数据类型可以有各种格式。若对某个程序进行兼容性测试,就要确认其数据能够利用剪贴板与其他程序进行相互复制,其后有大量的代码支持这一兼容特性,其中的测试工作也是一项挑战。另外,通常人们最熟悉的数据共享方式是读写移动外存,如软磁盘、U 盘、移动硬盘等,但文件的数据格式必须符合标准,才能在多台计算机上保持兼容。

9) Web 网站测试

Web 网站测试是面向因特网 Web 页面的测试。众所周知,因特网网页是由文字、图形、声音、视频和超级链接等组成的文档。网络客户端用户通过在浏览器中的操作,搜索浏览所需要的信息资源。

针对 Web 网站这一特定类型软件的测试,包含许多测试技术,如功能测试、压力/负载测试、配置测试、兼容性测试、安全性测试等。黑盒测试、白盒测试、静态测试和动态测试都有可能被采用。

通常,Web 网站测试的内容包含以下几个方面。

(1) 功能测试。

(2) 性能测试。

(3) 安全性测试。

(4) 可用性/易用性测试。

(5) 配置和兼容性测试。
(6) 数据库测试。
(7) 代码合法性测试。
(8) 完成测试。

3.6 验收测试

1. 验收测试的定义

验收测试（Acceptance Testing）是向未来的用户表明系统能够像预定要求的那样工作。通过综合测试之后，软件已完全组装起来，接口方面的错误也已排除，软件测试的最后一步——验收测试即可开始。验收测试是软件产品完成了功能测试和系统测试之后，在产品发布之前所进行的软件测试活动。通过了验收测试，产品正式进入发布阶段。

验收测试应检查软件能否按合同要求进行工作，即是否满足软件需求说明书中的确认标准。验收测试是软件产品发布之前的最后一个测试操作。验收测试的目的是确保软件准备就绪，并且可以让最终用户将其用于执行软件的既定功能和任务。验收测试通常更突出用户的作用，同时软件开发人员也有一定的参与。

如何组织好验收测试并不是一件容易的事。以下将详细介绍验收测试的任务、目标以及验收测试的组织管理。

2. 验收测试的内容

软件验收测试应完成的工作内容包括：要明确验收项目，规定验收测试通过的标准；确定测试方法；决定验收测试的组织机构和可利用的资源；选定测试结果分析方法；指定验收测试计划并进行评审；设计验收测试所用的测试用例；审查验收测试准备工作；执行验收测试；分析测试结果；做出验收结论，明确通过验收或不通过验收，给出测试结果。

在验收测试计划中，可能包括的检验有以下几个方面。

(1) 功能测试，如完整的工资计算过程。
(2) 逆向测试，如检验不符合要求数据而引起出错的恢复能力。
(3) 特殊情况，如极限测试、不存在的路径测试。
(4) 文档检查。
(5) 强度检查，如大批量的数据或者最大用户数并发使用。
(6) 恢复测试，如硬件故障或用户不良数据引起的一些情况。
(7) 可维护性的评价。
(8) 用户操作测试，如启动、退出系统等。
(9) 用户友好性检验。
(10) 安全测试。

3. 验收测试的标准

实现软件确认要通过一系列黑盒测试。验收测试同样需要制订测试计划和测试过程，测试计划应规定测试的种类和测试进度，测试过程则定义一些特殊的测试用例，旨在说明软件与需求是否一致。无论是测试计划还是测试过程,都应该着重考虑软件是否满足合同规定的所有功能和性能,文档资料是否完整、人机界面和其他方面(如可移植性、兼容性、错误恢复能力和可维护性等)是否令用户满意。

验收测试的结果有两种可能:①功能和性能指标满足软件需求说明书的要求,用户可以接受;②软件不满足软件需求说明书的要求,用户无法接受。若项目进行到这个阶段才发现严重错误和偏差一般很难在预定的工期内改正,因此必须与用户协商,寻求一个妥善解决问题的方法。

4. 验收测试的常用策略

选择的验收测试的策略通常建立在合同需求、组织和公司标准以及应用领域的基础上。实施验收测试的常用策略有以下三种。

(1) 正式验收。正式验收测试是一项管理严格的过程,它通常是系统测试的延续。计划和设计正式验收测试的周密性和详细程度不亚于系统测试。正式验收测试选择的测试用例应该是系统测试中所执行测试用例的子集。测试时,不要偏离所选择的测试用例方向非常重要。在很多组织中,正式验收测试是完全自动执行的。对于系统测试,活动和工件是一样的。在有些组织中,开发组织(或其独立的测试小组)与最终用户组织的代表一起执行验收测试。在一些其他组织中,验收测试则完全由最终用户组织执行,或者由最终用户组织选择人员组成一个客观公正的小组来执行。

正式验收测试的优点是:要测试的功能和特性都是明确的;测试的细节是已知的并且可以对其进行评测;测试可以自动执行,支持回归测试;可以对测试过程进行评测和监测;可接受性标准是已知的。

正式验收测试的缺点是:测试要求大量的资源和计划,而且这些测试可能是系统测试的再次实施;可能无法发现软件中由于主观原因造成的缺陷,因为只查找了预期要发现的缺陷。

(2) 非正式验收或 Alpha 测试。在非正式验收测试中,执行测试过程的限定不像正式验收测试中那样严格。在此类测试中,确定并记录要研究的功能和业务任务,但没有可以遵循的特定测试用例。测试内容由测试员决定。这种验收测试方法不像正式验收测试那样组织有序,而且更为主观。大多数情况下,非正式验收测试是由最终用户组织执行的。

非正式验收测试的优点是:要测试的功能和特性都是已知的;可以对测试过程进行评审和监测;可接受性标准是已知的;非正式验收测试和正式验收测试相比,可以发现更多由于主观原因造成的缺陷。

非正式验收测试的缺点包括:要求资源、计划和管理资源;无法控制所使用的测试用例;最终用户可能沿用系统工作的方式,并可能无法发现缺陷;最终用户可能专注于比较新系统与遗留系统,而不是专注于查找缺陷;用于验收测试的资源不受项目的控制,并且可能受到压缩。

(3) Beta 测试。和另外两种验收测试策略相比,Beta 测试需要的控制是最少的。在 Beta 测试中,采用的细节多少、数据和方法完全由测试员决定。测试员负责创建自己的环境、选择数据,并决定要研究的功能、特性或任务。测试员负责确定自己对于系统当前状态的接受标准。Beta 测试由最终用户实施,通常开发组织对其管理很少或不进行管理。Beta 测试是所有验收测试策略中最主观的测试。

Beta 测试的优点是:测试由最终用户实施;大量的潜在测试资源;提高客户对参与人员的满意程度;与正式或非正式验收测试相比,可以发现更多由于主观原因造成的缺陷。

Beta 测试的缺点包括:未对所有功能或特性进行测试;测试流程难以评测;最终用户可能沿用系统工作的方式,并可能没有发现或没有报告缺陷;最终用户可能专注于比较新系统与遗留系统,而不是专注于查找缺陷;用于验收测试的资源不受项目的控制,并且可能受到压缩;可接受性标准是未知的;需要更多辅助性资源来管理 Beta 测试员。

5. 验收测试的过程

验收测试工作流程如图 3-10 所示,主要步骤如下。

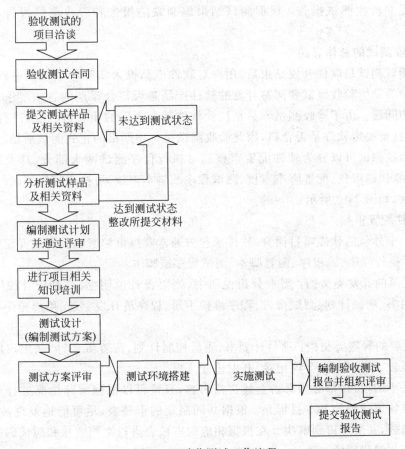

图 3-10 验收测试工作流程

(1) 软件需求分析:分析测试样品及其相关资料,了解软件功能和性能要求、软硬件环境要求等,并要特别了解软件的质量要求和验收要求。综合分析产品是否达到验收测试状态。

(2) 编制验收测试计划和项目验收准则:测试计划在需求分析阶段建立,根据软件需求和验收要求编制测试计划,制定需测试的测试项,制定测试策略及验收通过准则,并经过客户参与相关计划的评审。

(3) 进行项目相关知识培训。

(4) 测试设计和测试用例设计:根据验收测试计划和项目验收准则编制测试用例和相关方案。

(5) 测试方案评审:评审测试实施方案和相关测试用例。

(6) 测试环境搭建:建立测试的硬件环境、软件环境等(可在委托客户提供的环境中进行测试)。

(7) 实施测试:测试并记录测试结果。

(8) 编制测试报告和组织评审:根据验收通过准则分析测试结果,做出验收是否通过及测试评价。

(9) 提交验收测试报告:根据测试结果编制缺陷报告和验收测试报告,并提交给客户。

6. 验收测试的总体思路

用户验收测试是软件开发结束后,用户对软件产品投入实际应用以前进行的最后一次质量检验活动。验收测试要回答开发的软件产品是否符合预期的各项要求,以及用户能否接受的问题。由于验收测试不只是检验软件某个方面的质量,而是要进行全面的质量检验,并且要决定软件是否合格,因此验收测试是一项严格的正式测试活动。

用户验收测试可以分为软件配置审核和可执行程序测试两大部分,其大致顺序是:文档审核、源代码审核、配置脚本审核、测试程序或脚本审核、可执行程序测试。验收测试工作的流程,如图 3-10 所示。

1) 软件配置审核

对于一个外包的软件项目而言,软件承包方通常要提供如下相关的软件配置内容。

(1) 可执行程序、源程序、配置脚本、测试程序或脚本。

(2) 主要的开发类文档:需求分析说明书、概要设计说明书、详细设计说明书、数据库设计说明书、测试计划、测试报告、程序维护手册、程序员开发手册、用户操作手册、项目总结报告。

(3) 主要的管理类文档:项目计划书、质量控制计划、配置管理计划、用户培训计划、质量总结报告、评审报告、会议记录、开发进度月报。

不同大小的项目,都必须具备上述文档内容,只是可以根据实际情况进行重新组织。软件配置审核要达到的基本目标是:根据共同制定的审核表,尽可能地发现被审核内容中存在的问题,并最终得到解决。在根据相应的审核表进行文档审核和源代码审核时,还要注意文档与源代码的一致性。

在实际的验收测试执行过程中,常常会发现文档审核是最难的工作。一方面,由于市场需求等方面的压力使这项工作常常被弱化或推迟,造成持续时间变长,加大文档审核的难度;另一方面,文档审核中不易把握的地方非常多,每个项目都有一些特别的地方,而且也很难找到可用的参考资料。

2) 可执行程序的测试

在文档审核、源代码审核、配置脚本审核、测试程序或脚本审核都顺利完成后,就可以进行验收测试的最后一个步骤——可执行程序的测试,它包括软件功能、性能等方面的测试,每种测试都包括目标、启动标准、活动、完成标准和度量五个部分。

在真正进行用户验收测试之前一般应该已经完成了以下工作(也可以根据实际情况进行选取或增加)。

(1) 软件开发已经完成,并全部解决了已知的软件缺陷。
(2) 验收测试计划已经过评审并批准,并且置于文档控制之下。
(3) 对软件需求说明书的审查已经完成。
(4) 对概要设计、详细设计的审查已经完成。
(5) 对所有关键模块的代码审查已经完成。
(6) 对单元、集成、系统测试计划和报告的审查已经完成。
(7) 所有的测试脚本已完成,并至少执行过一次,且通过评审。
(8) 使用配置管理工具且代码置于配置控制之下。
(9) 软件问题处理流程已经就绪。
(10) 已经制定、评审并批准验收测试完成标准。

具体的测试内容通常包括以下内容。

(1) 安装(升级)。
(2) 启动与关机。
(3) 功能测试(正例、重要算法、边界、时序、反例、错误处理)。
(4) 性能测试(正常的负载、容量变化)。
(5) 压力测试(临界的负载、容量变化)。
(6) 配置测试。
(7) 平台测试。
(8) 安全性测试。
(9) 恢复测试(在出现掉电、硬件故障或切换、网络故障等情况时,系统是否能够正常运行)。
(10) 可靠性测试。

性能测试和压力测试一般情况下在一起进行,通常还需要辅助工具的支持。在进行性能测试和压力测试时,测试范围必须限定在那些使用频度高和时间要求苛刻的软件功能子集中。由于开发方已经事先进行过性能测试和压力测试,因此可以直接使用开发方的辅助工具;也可以通过购买或自己开发来获得辅助工具。如果执行了所有的测试案例、测试程序或脚本,用户验收测试中发现的所有软件问题都已解决,而且所有的软件配置均已更新和审核,可以反映出软件在用户验收测试中所发生的变化,用户验收测试就完成了。

3.7 回归测试

在软件生命周期中的任何一个阶段,总是存在着各种变化,软件的变化可能是源于发现了错误并做了修改,也有可能是因为在集成或维护阶段加入了新的模块。这些变化可能导致软件产生新的问题,为了验证修改的正确性及其影响就需要进行回归测试。

1. 回归测试的定义

回归测试是指在对之前已经测试过的软件系统进行修改或扩充之后所进行的重新测试,是为了保证对软件所做的修改和扩充没有引起新的错误而进行的重复测试。

修改软件本身就可能产生错误,经验证明,修改程序比编写程序更容易产生错误。更严重的是,由于程序的复杂性以及修改人员缺乏对程序的理解和把控,经常出现因修改一个错误而引发更多错误的情况。同样,当有新的代码或模块加入软件后,除了它们本身可能包含的错误外,这些新的代码或模块可能会对原有系统产生不良影响甚至使其产生严重错误。因此,回归测试是在软件变更后保证新的软件功能和性能仍然正常的一种策略和方法,可分为改错性回归测试和增量性回归测试。改错性回归测试用于验证错误修改情况,增量性回归测试用于验证增加或删除软件单元后程序的正确性。

回归测试并不是独立的测试阶段,它可以在其他任何一个测试阶段进行。既有黑盒测试的回归,又有白盒测试的回归。但在实际工作中,回归测试多用于软件测试的后期阶段,例如在系统测试、验收测试以及软件后期维护工作中采用回归测试,以保证错误修改和新模块的正确性。回归测试所采用的技术主要是黑盒测试方法,重点关注的是软件的高级需求在软件被修改和扩充后是否仍然能够得到满足,一般不太考虑软件实现细节。

2. 回归测试的范围与测试用例的选择

回归测试是为了保证程序修改和扩充情况下软件的正确性,因此无须再进行从头到尾的全面测试,而是要根据程序修改的情况进行有效的测试。回归测试只是检测被修改程序的正确性,以及检测这部分程序与原有系统的整合是否正确。简单来说,回归测试的目标是测试程序变化部分和测试受到变化影响的部分。

进行回归测试前,需要先标识变化,然后根据经验分析软件的修改可能影响到的功能。对于受影响的部分,对应的所有测试用例都应当被回归执行。回归测试需要充分考虑软件单元代码的修改对于一些公共接口的影响,例如对全局变量、输入/输出接口和系统配置的影响。回归测试不会单独设计全新的测试用例,而是选择之前全部或部分测试用例作为回归测试包。对原有测试用例要进行必要的修改和补充,以满足新的回归测试要求。选择回归测试策略应该兼顾效率和有效性两个方面。常用的选择回归测试的方式包括以下几种。

1)再测试全部用例

选择基线测试用例库中的全部测试用例组成回归测试包,这是一种比较安全的方法,再测试全部用例具有最低的遗漏回归错误的风险,但测试成本最高。全部再测试几乎可以应用到任何情况下,基本上不需要进行分析和重新开发。但是,随着开发工作的进展,测试用例不断增多,重复原先所有的测试将带来很大的工作量,往往会超出项目预算和进度。

2)基于风险选择测试

可以基于一定的风险标准来从基线测试用例库中选择回归测试包。首先运行最重要的、关键的和可疑的测试,而跳过那些非关键的、优先级别低的或者高稳定的测试用例,这些用例即便可能测试到缺陷,这些缺陷的严重性也仅有三级或四级。一般而言,测试用例的选择顺序是从主要特征到次要特征。

3) 基于操作剖面选择测试

如果基线测试用例库的测试用例是基于软件操作剖面开发的,测试用例的分布情况反映了系统的实际使用情况。回归测试所使用的测试用例个数可以由测试预算确定,回归测试可以优先选择那些针对最重要或最频繁使用功能的测试用例,释放和缓解最高级别的风险,有助于尽早发现那些对可靠性有最大影响的故障。这种方法可以在一个给定的预算下最有效地提高系统可靠性,但实施起来有一定的难度。

4) 再测试修改的部分

当测试者对修改的局部化有足够的信心时,可以通过相依性分析识别软件的修改情况并分析修改的影响,将回归测试局限于被改变的模块和它的接口上。通常,一个回归错误一定涉及一个新的、修改的或删除的代码段。在允许的条件下,回归测试尽可能覆盖受到影响的部分。

再测试全部用例的策略是最安全的策略,但已经运行过许多次的回归测试不太可能揭示新的错误,而且很多时候,由于时间、人员、设备和经费的原因,不允许选择再测试全部用例的回归测试策略,此时,可以选择适当的策略进行缩减的回归测试。

上述回归测试策略的选择需要考虑软件开发成本、时间和质量的平衡,针对不同的软件项目、回归测试内容和测试阶段进行综合选择。

3. 回归测试用例的维护

对于一个软件开发项目来说,项目的测试组在实施测试的过程中会将所开发的测试用例保存到"测试用例库"中,并对其进行维护和管理。当得到一个软件的基线版本时,用于基线版本测试的所有测试用例就形成了基线测试用例库。在需要进行回归测试的时候,就可以根据所选择的回归测试策略,从基线测试用例库中提取合适的测试用例组成回归测试包,通过运行回归测试包来实现回归测试。

为了最大限度地满足客户的需要和适应应用的要求,软件在其生命周期中会频繁地被修改和不断推出新的版本,修改后的或者新版本的软件会添加一些新的功能或者在软件功能上产生某些变化。随着软件的改变,软件的功能和应用接口以及软件的实现发生了演变,测试用例库中的一些测试用例可能会失去针对性和有效性,而另一些测试用例可能会变得过时,还有一些测试用例将完全不能运行。为了保证测试用例库中测试用例的有效性,必须对测试用例库进行维护。同时,被修改的或新增添的软件功能,仅仅靠重新运行以前的测试用例并不足以揭示其中的问题,有必要追加新的测试用例来测试这些新的功能或特征。因此,测试用例库的维护工作还应包括开发新测试用例,这些新的测试用例用来测试软件的新特征或者覆盖现有测试用例无法覆盖的软件功能或特征。

测试用例的维护是一个不间断的过程,通常可以将软件开发的基线作为基准,维护的主要内容包括以下几个方面。

1) 删除过时的测试用例

因为需求的改变等原因可能会使一个基线测试用例不再适合被测试系统,这些测试用例就会过时。例如,某个变量的界限发生了改变,原来针对边界值的测试就无法完成对新边界的测试。所以，在软件的每次修改后都应进行相应的过时测试用例的删除。

2）改进不受控制的测试用例

随着软件项目的进展，测试用例库中的用例会不断增加，其中会出现一些对输入或运行状态十分敏感的测试用例。这些测试不容易重复且结果难以控制，会影响回归测试的效率，需要进行改进，使其达到可重复和可控制的要求。

3）删除冗余的测试用例

如果存在两个或者更多个测试用例针对一组相同的输入和输出进行测试，那么这些测试用例是冗余的。冗余测试用例的存在降低了回归测试的效率，所以需要定期整理测试用例库，并将冗余的用例删除。

4）增添新的测试用例

如果某个程序段、构件或关键的接口在现有的测试中没有被测试，那么应该开发新测试用例重新对其进行测试，并将新开发的测试用例合并到基线测试包中。

通过对测试用例库的维护不仅改善了测试用例的可用性，而且也提高了测试库的可信性，同时还可以将一个基线测试用例库的效率和效用保持在一个较高的级别上。

小结

对于一个大型的软件系统，测试流程通常由多个必经阶段组成：单元测试、集成测试、确认测试、系统测试和验收测试。

单元测试是软件测试过程中最基础的测试活动，目的是检测程序中的模块没有软件故障存在。

集成测试是把通过单元测试的各模块边组装边测试，以此来检测与程序接口方面有关的故障。

确认测试是按照软件需求规格说明书来验证软件产品是否满足需求规格的要求。

系统测试是对系统中各个组成部分进行综合测试。

验收测试是验收软件产品是否符合预定的各项要求，是否让用户满意。

回归测试是对软件所做的修改和扩充是否产生错误而进行的重复测试。

习题

1. 简述单元测试的目标。
2. 解释驱动模块和桩模块概念。
3. 简述集成测试的层次划分。
4. 归纳确认测试阶段的工作。
5. 简述系统测试的流程。
6. 归纳验收测试常用的策略。
7. 简述验收测试的流程。
8. 什么是回归测试？回归测试用例的选择都有哪些策略？

第 4 章

软件测试计划与文档

本章概要

软件测试的目的是尽可能早一些找出软件缺陷,并确保其得以修复。软件测试人员不断追求着低成本下的高效率测试,而成功的测试要依靠有效的测试计划、测试用例和软件测试报告,它们也是测试过程要解决的核心问题。

本章主要介绍软件测试计划的制订、测试文档的形成、测试用例的设计以及测试报告的编写格式。

4.1 测试计划

软件测试是一个有组织有计划的活动,应当给予充分的时间和资源进行测试计划,这样软件测试才能在合理的控制下正常进行。测试计划(Test Planning)作为测试的起始步骤,是整个软件测试过程的关键管理者。

4.1.1 测试计划的定义

测试计划规定了测试各个阶段所要使用的方法策略、测试环境、测试通过或失败的准则等内容。《ANSI/IEEE 软件测试文档标准 829—1983》将测试计划定义为"一个叙述了预定的测试活动的范围、途径、资源及进度安排的文档。它确认了测试项、被测特征、测试任务、人员安排,以及任何偶发事件的风险。"

4.1.2 测试计划的目的和作用

测试计划的目的是明确测试活动的意图。它规范了软件测试内容、方法和过程,为有组织地完成测试任务提供保障。专业的测试必须以一个好的测试计划作为基础。尽管测试的每一个步骤都是独立的,但是必定要有一个起到框架结构作用的测试计划。

4.1.3 测试计划书

测试计划文档化就成为测试计划书,包含总体计划也包含分级计划,是可以更新改进的文档。从文档的角度看,测试计划书是最重要的测试文档,完整细致并具有远见性的计划书会使测试活动安全顺利地向前进行,从而确保所开发的软件产品的高质量。

尽早地创建测试计划文档是非常关键的一项任务。在精化阶段首批迭代的早期生成该工件并不算太早。最好以迭代的方式编制测试计划,并且在获得相应信息时添加各部分内容。

4.1.4 测试计划的内容

软件测试计划是整个测试过程中最重要的部分,为实现可管理且高质量的测试过程提供基础。测试计划以文档形式描述软件测试预计达到的目标,确定测试过程所要采用的方法策略。测试计划包括测试目的、测试范围、测试对象、测试策略、测试任务、测试用例、资源配置、测试结果分析和度量以及测试风险评估等,应当足够完整但也不应当太详尽。借助软件测试计划,参与测试的项目成员,尤其是测试管理人员,可以明确测试任务和测试方法,保持测试实施过程的顺畅沟通,跟踪和控制测试进度,应对测试过程中的各种变更。因此,一份好的测试计划需要综合考虑各种影响测试的因素。

实际的测试计划内容因不同的测试对象而灵活变化,但通常来说,一个正规的测试计划应该包含以下几个项目,也可以看作通用的测试计划样本用于测试人员参考。

(1) 测试基本信息:包括测试目的、背景、测试范围等。

(2) 测试具体目标:列出软件的测试部分和不需测试部分。

(3) 测试策略:测试人员采用的测试方法,如回归测试、功能测试、自动测试等。

(4) 测试的通过标准:测试是否通过的界定标准以及没有通过情况的处理方法。

(5) 停测标准:给出每个测试阶段停止测试的标准。

(6) 测试用例:详细描述测试用例,包括测试值、测试操作过程、测试期待值等。

(7) 测试基本支持:测试所需硬件支持、自动测试软件等。

(8) 部门责任分工:明确所有参与软件管理、开发、测试、技术支持等部门的责任细则。

(9) 测试人力资源分配:列出测试所需人力资源以及软件测试人员的培训计划。

(10) 测试进度安排:制定每一个阶段的详细测试进度安排表。

(11) 风险估计和危机处理:估计测试过程中潜在的风险以及面临危机时的解决办法。

一个理想的测试计划应该体现以下几个特点。

(1) 在检测主要缺陷方面有一个好的选择。

(2) 提供绝大部分代码的覆盖率。

(3) 具有灵活性。

(4) 易于执行、回归和自动化。

(5) 定义要执行测试的种类。

(6) 测试文档明确说明期望的测试结果。

(7) 当缺陷被发现时提供缺陷核对。

(8) 明确定义测试目标。

(9) 明确定义测试策略。

(10) 明确定义测试通过标准。

(11) 没有测试冗余。

(12) 确认测试风险。

(13) 文档化确定测试的需求。

(14) 定义可交付的测试件。

软件测试计划是整个软件测试流程工作的基本依据,测试计划中所列条目在实际测试中必须全部执行。在测试的过程中,若发现新的测试用例,要尽早补充到测试计划中。若预先制订的测试计划项目在实际测试中不适用或无法实现,那么也要尽快对计划进行修改,使计划具有可行性。

4.1.5 测试计划的制订

测试的计划与控制是整个测试过程中最重要的阶段,它为实现可管理且高质量的测试过程提供基础。这个阶段需要完成的主要工作内容是:拟订测试计划,论证那些在开发过程难于管理和控制的因素,明确软件产品的最重要部分。

(1) 概要测试计划。概要测试计划在软件开发初期制订,其内容包括以下几个方面。

① 定义被测试对象和测试目标。

② 确定测试阶段和测试周期的划分。

③ 制订测试人员,软、硬件资源和测试进度等方面的计划。

④ 任务与分配及责任划分。

⑤ 规定软件测试方法、测试标准。比如,语句覆盖率达到98%,三级以上的错误改正率达98%等。

⑥ 所有决定不改正的错误都必须经专门的质量评审组织同意。

⑦ 支持环境和测试工具等。

(2) 详细测试计划。详细测试计划是测试者或测试小组的具体的测试实施计划,它规定了测试者负责测试的内容、测试强度和工作进度,是检查测试实际执行情况的重要标准。

详细测试计划主要内容有:计划进度和实际进度对照表、测试要点、测试策略、尚未解决的问题和障碍。

(3) 制定主要内容。设计计划进度和实际进度对照表、测试要点、测试策略、尚未解决的问题和障碍。

(4) 制定测试大纲。测试大纲(测试用例)是软件测试的依据,保证测试功能不被遗漏,并且功能不被重复测试,使得能合理安排测试人员,使得软件测试不依赖于个人。

测试大纲包括:测试项目、测试步骤、测试完成的标准以及测试方式(手动测试或自动测试)。测试大纲不仅是软件开发后期测试的依据,而且在系统的需求分析阶段也是软件质量保证的重要文档和依据。无论是自动测试还是手动测试,都必须满足测试大纲的要求。

测试大纲的本质:从测试的角度对被测对象的功能和各种特性的细化和展开。针对系统功能的测试大纲是基于软件质量保证人员对系统需求规格说明书中有关系统功能定义的理解,将其逐一细化展开后编制而成的。

(5)制定测试通过或失败的标准。测试标准为可观的陈述,它指明了判断或确认测试在何时结束,以及所测试的应用程序的质量。测试标准可以是一系列的陈述或对另一文档(如测试过程指南或测试标准)的引用。

测试标准应该指明以下几个方面。

① 确切的测试目标。

② 度量的尺度如何建立。

③ 使用了哪些标准对度量进行评价。

(6)制定测试挂起标准和恢复的必要条件。指明挂起全部或部分测试项的标准,并指明恢复测试的标准及其必须重复的测试活动。

(7)制定测试任务安排。明确测试任务,对每项任务都必须明确7个主题。

① 任务:用简洁的句子对任务加以说明。

② 方法和标准:指明执行该任务时,应该采用的方法以及所应遵守的标准。

③ 输入/输出:给出该任务所必需的输入/输出。

④ 时间安排:给出任务的起始和持续时间。

⑤ 资源:给出任务所需要的人力和物力资源。

⑥ 风险和假设:指明启动该任务应满足的假设,以及任务执行可能存在的风险。

⑦ 角色和职责:指明由谁负责该任务的组织和执行,以及谁将担负怎样的职责。

(8)制定应交付的测试工作产品。指明应交付的文档、测试代码和测试工具,一般包括:测试计划、测试方案、测试用例、测试规程、测试日志、测试总结报告、测试输入与输出数据、测试工具。

(9)制定工作量估算。给出前面定义任务的人力需求和总量。

(10)编写测试方案文档。测试方案文档是设计测试阶段文档,指明为完成软件或软件集成的特性测试而进行的设计测试方法的细节文档。

4.1.6 软件开发、软件测试与测试计划的关系

软件开发、软件测试与测试计划制订的并行关系如图4-1所示。

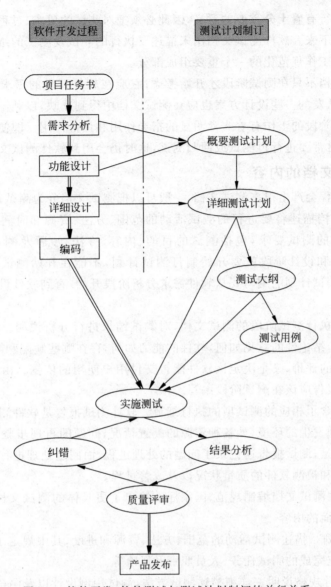

图 4-1 软件开发、软件测试与测试计划制订的并行关系

4.2 测试文档

4.2.1 测试文档的定义

测试文档(Testing Documentation)记录和描述了整个测试流程,它是整个测试活动中非常重要的文件。测试过程实施所必备的核心文档是:测试计划、测试大纲和软件测试报告。

4.2.2 测试文档的重要性

软件测试是一个很复杂的过程,涉及软件开发其他阶段的工作,对于提高软件质量、保证软件正常运行有着十分重要的意义,因此必须把对测试的要求、过程及测试结果以正式的文档形式写下来。软件测试文档用来描述要执行的测试及测试的结果。测试文档的编制是软件测试工作规范化的一个重要组成部分。

软件测试文档不只在测试阶段才开始考虑,它应在软件开发的需求分析阶段就开始着手编制,设计队友的一些设计方案也应在测试文档中得到反映,以利于设计的检验。测试文档对于测试阶段的工作有着非常明显的指导作用和评价作用。即便在软件投入运行的维护阶段,也常常要进行再测试或回归测试,这时仍会用到软件测试文档。

4.2.3 测试文档的内容

整个测试流程会产生很多测试文档,一般可以把测试文档分为测试计划和测试报告。

测试计划文档描述将要进行的测试活动的范围、方法、资源和时间进度等。测试计划中罗列了详细的测试要求,包括测试的目的、内容、方法、步骤及测试的准则等。在软件的需求分析和设计阶段就要开始制订测试计划,不能在开始测试的时候才制订测试计划。通常,测试计划的编写要从软件需求分析阶段开始,直到软件设计阶段结束时才完成。

测试报告是执行测试阶段的测试文档,对测试结果进行分析说明。测试报告说明软件经过测试以后,结论性的意见如何,软件的能力如何,存在哪些缺陷和限制等,这些意见既是对软件质量的评价,又是决定该软件能否交付用户使用的依据。由于要反映测试工作的情况,测试报告应该在测试阶段编写。

测试报告包含了相应的测试项的执行细节。软件测试报告是软件测试过程中最重要的文档,记录问题发生的环境,如各种资源的配置情况,问题的再现步骤以及问题性质的说明。更重要的是,测试报告还记录了问题的处理进程,而问题处理进程从一定程度上反映了测试的进程和被测软件的质量状况以及改善过程。

《计算机软件测试文档编制规范》国家标准给出了更具体的测试文档编制建议,其中包括以下几个方面的内容。

(1) 测试计划。描述测试活动的范围、方法、资源和进度,其中规定了被测试的对象,被测试的特性、应完成的测试任务、人员职责及风险等。

(2) 测试设计规格说明。详细描述测试方法,测试用例设计以及测试通过的准则等。

(3) 测试用例规格说明。测试用例文档描述一个完整的测试用例所需要的必备因素,如输入、预期结果、测试执行条件以及对环境的要求、对测试规程的要求等。测试用例的设计将在4.3节作详细介绍。

(4) 测试步骤规格说明。测试规格文档指明了测试所执行活动的次序,规定了实施测试的具体步骤。它包括测试规程清单和测试规程列表。

(5) 测试日志。日志是测试小组对测试过程所做的记录。

(6) 测试事件报告。报告说明测试中发生的一些重要事件。

(7) 测试总结报告。对测试活动所做的总结和结论。测试总结报告的格式在4.4节作具体说明。

上述测试文档中,前4项属于测试计划类文档,后3项属于测试分析报告类文档。

4.2.4 软件生存周期各阶段的测试任务与可交付的文档

通常软件生存周期可分为以下 6 个阶段：需求分析阶段、功能设计阶段、详细设计阶段、编码阶段、测试阶段以及运行或维护阶段，相邻阶段可能存在一定程度的重复以保证阶段之间的顺利衔接，但每个阶段的结束都有一定的标志，例如已经提交可交付文档等。

1. 需求分析阶段

（1）测试输入：需求计划（来自开发）。

（2）测试任务：制订验证和确认测试计划；对需求进行分析和审核；分析并设计基于需求的测试，构造对应的需求覆盖或追踪矩阵。

（3）可交付的文档：验证测试计划；验证测试计划（针对需求设计）；验证测试报告（针对需求设计）。

2. 功能设计阶段

（1）测试输入：功能设计规格说明（来自开发）。

（2）测试任务：功能设计验证和确认测试计划；分析和审核功能设计规格说明；可用性测试设计；分析并设计基于功能的测试，构造对应的功能覆盖矩阵；实施基于需求和基于功能的测试。

（3）可交付的文档：主确认测试计划；验证测试计划（针对功能设计）；验证测试报告（针对功能设计）。

3. 详细设计阶段

（1）测试输入：详细设计规格说明（来自开发）。

（2）测试任务：详细设计验证测试计划；分析和审核详细设计规格说明；分析并设计基于内部的测试。

（3）可交付的文档：详细确认测试计划；验证测试计划（针对详细设计）；验证测试报告（针对详细设计）；测试设计规格说明。

4. 编码阶段

（1）测试输入：代码（来自开发）。

（2）测试任务：代码验证测试计划；分析代码；验证代码；设计基于外部的测试；设计基于内部的测试。

（3）可交付的文档：测试用例规格说明；需求覆盖或追踪矩阵；功能覆盖矩阵；测试步骤规格说明；验证测试计划（针对代码）；验证测试报告（针对代码）。

5. 测试阶段

（1）测试输入：要测试的软件；用户手册。

（2）测试任务：制订测试计划；审查由开发部门进行的单元测试和集成测试；进行功能测试；进行系统测试；审查用户手册。

（3）可交付的文档：测试记录；测试事故报告；测试总结报告。

6. 运行或维护阶段

（1）测试输入：已确认的问题报告；软件生存周期。软件生存周期是一个重复的过程。如果软件被修改了，开发和测试活动都要回归到与修改相对应的生存周期阶段。

（2）测试任务：监视验收测试；为确认的问题开发新的测试用例；对测试的有效性进行评估。

（3）可交付的文档：可升级的测试用例库。

4.3 测试用例的设计

1. 测试用例

测试用例（Test Case）是为了高效率地发现软件缺陷而精心设计的少量测试数据。在实际测试中，由于无法达到穷举测试，所以要从大量的输入数据中精选出有代表性或特殊性的数据来作为测试数据。好的测试用例应该能发现尚未发现的软件缺陷。

2. 测试用例的内容

（1）测试用例表。测试用例表如表 4-1 所示。对其中一些项目做以下说明。

表 4-1 测试用例表

用例编号		测试模块	
编制人		编制时间	
开发人员		程序版本	
测试人员		测试负责人	
用例级别			
测试目的			
测试内容			
测试环境			
规则指定			
执行操作			
测试结果	步骤	预期结果	实测结果
	1		
	2		
	⋮		
备注			

① 用例编号：对该测试用例分配唯一的标识号。

② 用例级别：指明该用例的重要程度。测试用例的级别分为 4 级：级别 1（基本）、级别 2（重要）、级别 3（详细）、级别 4（生僻）。

③ 执行操作：执行本测试用例所需的每一步操作。

④ 预期结果：描述被测项目或被测特性所希望或要求达到的输出或指标。

⑤ 实测结果：列出实际测试时的测试输出值，判断该测试用例是否通过。

⑥ 备注。如需要，则填写特殊环境需求（硬件、软件、环境）、特殊测试步骤要求、相关测试用例等信息。

（2）测试用例清单。测试用例清单如表 4-2 所示。其中，测试项目指明并简单描述本测试用例用来测试哪些项目、子项目或软件特性。

表 4-2 测试用例清单

项目编号	测试项目	子项目编号	测试子项目	测试用例编号	测试结论	结论
1		1		1		
⋮		⋮		⋮		
总数		—		—	—	—

4.4 测试总结报告

测试总结报告主要包括测试结果统计表、测试问题表和问题统计表、测试进度表、测试总结表等。

1. 测试结果统计表

测试结果统计表主要是对测试项目进行统计,统计计划测试项和实际测试项的数量,以及测试项通过多少、失败多少等。测试结果统计表如表 4-3 所示。

表 4-3 测试结果统计表

项目	计划测试项	实际测试项	【Y】项	【P】项	【N】项	【N/A】项	备注
数量							
百分比							

说明:【Y】表示测试结果全部通过;【P】表示测试结果部分通过;【N】表示测试结果绝大多数没通过;【N/A】表示无法测试或测试用例不适合。

另外,根据表 4-3,可以按照下列两个公式分别计算测试完成率和覆盖率,作为测试总结报告的重要数据指标。

$$测试完成率 = \frac{实际测试项数量}{计划测试项数量} \times 100\%$$

$$测试覆盖率 = \frac{【Y】项的数量}{计划测试项数量} \times 100\%$$

2. 测试问题表和问题统计表

测试问题表如表 4-4 所示,问题统计表如表 4-5 所示。

表 4-4 测试问题表

问题号	
问题描述	
问题级别	
问题分析与策略	
避免措施	
备注	

在表 4-4 中,问题号是测试过程所发现的软件缺陷的唯一标号,问题描述是对问题的简要介绍,问题级别在表 4-5 中有具体分类,问题分析与策略是对问题的影响程度和应对

的策略进行描述,避免措施是提出问题的预防措施。

表 4-5 问题统计表

项　目	严重问题	一般问题	微小问题	其他统计项	问题合计
数量					
百分比					—

从表 4-5 得出,问题级别基本可分为严重问题、一般问题和微小问题。根据测试结果的具体情况,级别的划分可以有所更改。例如,若发现极其严重的软件缺陷,可以在严重问题级别的基础上,加入特殊严重问题级别。

3. 测试进度表

测试进度表如表 4-6 所示,用来描述关于测试时间、测试进度的问题。根据表 4-6,可以对测试计划中的时间安排和实际的执行时间状况进行比较,从而得到测试的整体进度情况。

表 4-6 测试进度表

测试项目	计划起始时间	计划结束时间	实际起始时间	实际结束时间	进度描述

4. 测试总结表

测试总结表包括测试工作的人员参与情况和测试环境的搭建模式,并且对软件产品的质量状况做出评价,对测试工作进行总结。测试总结表模板如表 4-7 所示。

表 4-7 测试总结表

项目编号		项目名称	
项目开发经理		项目测试经理	
测试人员			
测试环境(软件、硬件)			
软件总体描述:			
测试工作总结:			

小结

精心设计的测试计划是软件测试成功与否的关键,在软件测试过程中要因情况变化而及时更改测试计划。

完善的测试文档记录了整个测试活动过程,能够为测试工作提供有力的文档支持,对于各个测试阶段都有着非常明显的指导作用和评价作用。测试文档主要分为测试计划类文档和测试分析报告类文档。

习题

1. 简述测试计划的定义。
2. 概括测试文档的含义。
3. 简述测试计划的制订原则。
4. 简述测试文档的内容。
5. 简述软件生存周期各阶段的测试任务与可交付的文档。
6. 举例说明测试用例的设计方法。
7. 选择一个小型应用系统,为其做出系统测试的计划书、设计测试用例并写出测试总结报告。

第 5 章

软件自动化测试

 本章概要

- 软件自动化测试概述;
- 自动化测试的策略与运用;
- 常用自动化测试工具简介。

5.1 软件自动化测试概述

通常软件测试的工作量很大,据统计,测试会占用到40%的开发时间;一些可靠性要求非常高的软件,测试时间甚至占到开发时间的60%。而测试中的许多操作是重复性的、非智力性的和非创造性的,并要求做准确细致的工作,计算机最适合代替人工去完成这样的任务。软件自动化测试是相对手工测试而存在的,主要是通过所开发的软件测试工具、脚本等来实现,具有良好的可操作性、可重复性和高效率等特点。

进行自动化测试有两个方面的原因:一是手工测试的局限性;二是软件自动化测试所带来的好处。

通过手工测试无法做到覆盖所有代码路径。简单的功能性测试用例在每一轮测试中都不能少,而且具有一定的机械性、重复性,工作量往往较大。许多与时序、死锁、资源冲突、多线程等有关的错误,通过手工测试很难捕捉到。进行系统负载、性能测试时,需要模拟大量数据或大量并发用户等各种应用场合时,很难通过手工测试来进行。进行系统可靠性测试时,需要模拟系统运行10年、几十年以验证系统能否稳定运行,这也是手工测试无法模拟的。如果有大量(几千)的测试用例,需要在短时间内完成,手工测试几乎不可能做到。

软件自动化测试能够缩短软件开发测试周期,可以让产品更快投放市场。自动化测试效率高,能够充分利用硬件资源,节省人力资源,降低测试成本。自动化测试有助于增强测试的稳定性和可靠性,提高软件测试的准确度和精确度,增加软件信任度。软件测试工具使测试工作相对比较容易,但能产生更高质量的测试结果。手工不能做的事情,自动化测试能做,如负载、性能测试。软件测试实行自动化测试,绝不是因为厌烦了重复的测

试工作,而是因为测试工作的需要,更准确地说是回归测试和系统测试的需要。

5.1.1 自动化测试的定义及发展简史

软件自动化测试就是希望能够通过自动化测试工具或其他手段,按照测试工程师的预定计划进行自动测试,目的是减轻手工测试的劳动量,从而达到提高软件质量的目的。软件自动化测试的目的在于发现老缺陷;而手工测试的目的在于发现新缺陷。

软件的自动化测试在过去一段时间中得到了长足的发展。每个时代的产品都成功解决了某些重要的问题,但是同时也出现了新的问题等待解决。软件自动化测试经历了机械方式实现人工重复操作、统计分析的自动测试、面向目标的自动测试技术和智能应用的自动测试技术4个阶段。

第一阶段,机械方式实现人工重复操作。自动化测试的最初研究主要集中在任何采用自动化方法实现和代替人工测试中烦琐和机械重复的工作,将人工设计测试数据改变成自动生成测试数据的方法,对程序进行动态执行检测。此时的自动测试活动只是软件测试过程中出现的偶然行为,虽然在一定程度上可以提高某些测试行为的效率,简化测试人员的工作,但对整个测试过程的效率并无太大提高。

第二阶段,统计分析的自动测试。只有保证了自动测试结果的可靠性,其作用才具有实际的意义,该阶段针对性地引入了不同的测试准则和测试策略,指导测试的自动化过程以及对测试的结果进行评估。

第三阶段,面向目标的自动测试技术。它并不是机械和随机地发现错误的活动。由于各种高性能的算法如进化计算和人工智能等领域被引入到自动测试技术中,因此测试具有很强的目的性。

第四阶段,智能应用的自动测试技术,随着人工智能的普及,在测试过程中加入AI,将无聊、重复的工作交给AI使得自动化测试能够尽可能脱离人工,实现真正意义上的自动化。

5.1.2 软件测试自动化的误区

在过去,通过使用自动化的测试工具对软件的质量进行保障的例子已经非常多。目前,自动化测试工具已经足够完善,完全可以通过在软件测试中应用自动化的测试工具来大幅度提高软件测试的效率和质量。在使用自动化的测试工具时,应该尽早开始测试工作,以方便修改错误和节约成本,并且可以减少更正错误对软件开发周期的影响。

若某测试案例中包括1750个测试用例和700多个错误,分别进行手工测试与自动化测试。通过表5-1可以看出自动化测试与传统的手工测试在测试各阶段都有很大的不同,尤其是在测试执行和产生测试报告方面。

表 5-1 手工测试与自动化测试的比较

测试步骤	手工测试	自动化测试	通过使用工具改善测试的百分比/%
测试计划的开发	32	40	−25
测试用例的开发	262	117	55
测试执行	466	23	95

续表

测试步骤	手工测试	自动化测试	通过使用工具改善测试的百分比/%
测试结果分析	117	58	50
错误状态/更正检测	117	23	80
产生报告	96	16	83
时间总和	1090	277	75

目前,在软件开发过程中,迭代式的开发过程比瀑布式开发过程显示出明显优势,并已逐渐取代传统的瀑布式开发,成为目前最流行的软件开发过程。迭代开发过程强调在较短的时间间隔中产生多个可执行、可测试的软件版本,这就意味着测试人员也必须为每次迭代产成的软件系统进行测试。测试工作的周期被缩短了,测试的频率被增加了。在这种情况下,传统的手工测试已经无法满足软件开发的需求。当第一个可测试的版本产生后,测试人员开始对这个版本的系统进行测试。很快第二个版本在第一个版本的技术上产生,测试人员需要在第二次测试时重复上次的测试工作,还要对新增加的功能进行测试,每经过一个迭代,测试的工作量逐步累加。

随着软件开发过程的推进,测试工作变得越来越繁重,如果使用手工测试的方法,将很难保证测试工作的进度和质量。在这种情况下应用良好的自动测试工具将势在必行。

(1) 通过使用自动化测试工具,测试人员只要根据测试需求完成测试过程中所需的行为,自动化测试工具将自动生成测试脚本,通过对测试脚本的简单修改便可以用于以后相同功能的测试,而不必手工重复已经测试过的功能部分。

(2) 在很多项目中,测试人员的所有任务实际上都是手动处理的,而其中有很大一部分重复性强的测试工作可以独立自动实现。

(3) 测试人员通常很难花费大量时间来学习新技能,这是目前国内测试从业者的现状,太多的企业为了节约成本将刚刚走出校门的毕业生作为测试工程师。他们每日做着繁忙的重复工作,却无法深入学习测试技能。而软件测试自动化将改变这种局面,也是未来测试工程师或即将成为测试工程一项强有力的工作技能。实施测试自动化是软件行业一个不可逆转的趋势,如果在这个领域走在了前列,无论从企业的核心竞争力还是个人的工作技能来说,都有巨大的优越性,而国内众多软件厂商也在着手开展这项工作。

自动化测试有很多好处,也有很多局限。正因为很多人对自动化测试的期望太高,所以有很多执行自动化测试失败的例子。测试人员应该注意以下几点。

(1) 不要期望自动化测试来取代手工测试,测试主要还是要靠人工来完成。

(2) 不要期望自动化测试去发现更多新的缺陷。事实证明,新缺陷越多,自动化测试失败的概率就越大。发现更多的新缺陷应该是手工测试的主要目的。测试专家James Bach总结得出85%的新缺陷靠手工发现,而自动化测试只能发现15%的新缺陷。

(3) 工具本身不具有想象力。一些需要思考、体验、界面美观方面的测试,自动化测试工具无能为力。

(4) 技术问题、组织问题、脚本维护。自动化测试的推行,有很多阻力,比如组织是否重视,是否成立测试团队,测试人员是否有一定的技术水平,测试脚本的维护工作量较大,是否值得维护等问题都必须予以考虑。

5.1.3 不适合测试自动化的情况

自动化测试之所以能在很多大公司实施起来,是因为被测项目适合自动化测试的特点,采用自动化测试具有高的投资回报率。清晰、合理的判断哪些测试可以采用自动化测试是提高测试效率和质量的关键。

自动化测试并非适合所有公司、所有项目。以下这些情况不适宜采用自动化测试。

(1) 定制型项目。为客户定制的项目,维护期由客户方承担的,甚至采用的开发语言、运行环境也是客户特别要求的,即公司在这方面的测试积累就少,这样的项目不适合做自动化测试。

(2) 项目周期很短的项目。项目周期很短,测试周期很短,就不宜花精力去投资自动化测试,建立起的测试脚本重复利用率不高。

(3) 业务规则复杂的对象。有很多的逻辑关系、运算关系,工具很难测试。

(4) 美观、声音、易用性测试。界面的美观、声音的体验、易用性的测试,只有人可以测试。

(5) 测试很少运行。一个月只运行一次对自动化测试来讲无疑是一种浪费。自动化测试就是让它不厌其烦的、反反复复地运行才有效率。

(6) 软件不稳定。若软件不稳定,则这些不稳定因素会导致自动化测试失败。只有当软件达到相对的稳定,没有界面性严重错误和中断错误才能开始自动化测试。

(7) 涉及物理交互。工具很难完成与物理设备的交互,比如刷卡的测试等。

5.1.4 国内软件自动化测试实施现状分析

当前,国内软件企业实施或有意向实施软件测试自动化时面临的主要问题有以下几个方面。

(1) 许多企业认为自动化测试是个遥不可及的事情,很多小公司由于人员、资金、资源都不足,不必实施。部分企业虽然热血沸腾地实施测试自动化,购买了工具,推行了新的测试流程,但是没过多久又回到原来的测试模式。

(2) 公司实施了自动化测试,然而测试与开发之间,甚至与项目经理之间矛盾重重,出了事情不知如何追究责任;虽然还在勉强维持自动化测试,但实施的成本比手工测试更高,工作量比从前更大,从而造成项目团队人员对自动化测试的怀疑。

(3) 部分企业自动化测试实施相对比较成功,但或多或少还存在一些问题,比如工具选择不准确,培训不到位,文档不完备,人员分配不合理,脚本可维护度不高等,造成一种表面上的自动化测试,是一幅空架子。

产生这些问题的主要原因是目前很多国内的软件公司还处于获取资本的原始积累阶段,不是公司完全不重视测试,而是整个测试行业尚未得到足够的重视。公司高层有更需要重视的地方,例如寻找客户签订单,或者开发,这些直接关系到公司的存亡。软件公司更意识不到软件测试自动化的重要性,所谓凡事预则立,不预则废。一个软件企业想要实施测试自动化,不是一蹴而就的,它不仅涉及测试工作本身流程、组织结构上的调整与改进,甚至也需要需求、设计、开发、维护及配置管理等其他方面的配合。软件开发是团队工作,在这一领域要尤其注重以人为本。人员之间的配合、测试组织结构的设置非常重要,每个角色一定要担负起自己的责任,这对减少和解决前述团队矛盾具有重要作用,也对开展自动化测试的监督和评估相当重要,包括对工作产品的检查和人员的考核。

5.1.5 软件测试自动化的引入条件

1. 对软件测试自动化的正确认识

自动化测试能大大降低手工测试的工作量,但不能完全取代手工测试。完全的自动化测试只是一个理论上的目标,实际上想要达到100%的自动化测试,不仅代价昂贵,而且在操作上也几乎不可能实现。一般来说,自动化程度达到40%～60%的测试已经非常好,若达到60%以上将显著增加测试相关的维护成本。

测试自动化的引入有一定的标准,要经过综合评估,而不是测试工具简单的录制与回放过程。

(1) 自动化测试能提高测试效率,快速定位测试软件各版本中的功能与性能缺陷,但不会发现测试脚本里没有设计的缺陷。测试工具不是人脑,这就要求测试设计者将测试中各种分支路径的校验点进行设计;若设计不完整,即便事实上会出现错误的地方,测试工具也不会发现。因此,全面、系统的测试设计非常重要。

(2) 周期短、时间紧迫的项目不宜采用自动化测试。自动化测试的前期工作量非常大,将企业级自动化测试框架应用到一个项目中需要评估其适合性,而不能盲目应用到任何一个测试项目中,尤其不适合周期短的项目,因为大量的测试框架的准备和实施可能会影响项目的进度。

(3) 实施测试自动化必须进行多方面的培训,包括测试流程、缺陷管理、人员安排、测试工具的使用等。如果测试过程不合理,引入自动化测试只会给软件组织或者项目团队带来更大的困难。

2. 对企业自身现状的评估分析

1) 企业规模

测试自动化对企业规模没有严格限制。无论公司大小,都需要提高测试效率,希望测试工作标准化,测试流程正规化,测试代码重用化。一般来说,一个软件开发团队应该至少符合以下条件则可以优先开展自动化测试工作:测试、开发人员比例要合适,例如1:1到2:3;开发团队总人数不少于10人。

2) 产品特征

一般开发产品的公司实施自动化测试要比开发项目的公司容易。因为产品的测试维护成本和风险比项目小。产品软件开发周期长,需求相对稳定,测试人员可以有比较充裕的时间去设计测试方案和开发测试脚本;而项目软件面向单客户,需求难以一次性统一,变更频繁,对开发、维护测试脚本影响很大,出现问题时一般都以修改开发代码为主,很难顾及测试代码。但这并不意味着做项目软件的公司不能实施自动化测试,当前国内做项目的软件公司居多。只要软件的开发流程、测试流程、缺陷管理流程规范,企业就可以推行自动化测试。

3）软件自动化测试切入方式的风险

在实际测试中，要将自动化测试与手工测试结合起来使用，不合理的规划会造成工作事倍功半。例如，对于测试率的目标是：10%的自动化测试和90%的手工测试。当这些目标都实现了，可以将自动化测试的使用率提高。自动化测试和手工测试各自适用的条件分别如下。

（1）符合自动化测试的条件有以下几个方面。

① 具有良好定义的测试策略和测试计划。

② 拥有一个能够被识别的测试框架和候选者。

③ 有能够确保多个测试运行的构建策略。

④ 多平台环境需要被测试。

⑤ 拥有运行测试的硬件。

⑥ 拥有关注在自动化过程上的资源。

⑦ 被测试系统是可自动化测试的。

（2）宜采用手工测试的条件有以下几个方面。

① 没有标准的测试过程。

② 没有一个测试什么、什么时候测试的清晰的蓝图。

③ 在一个项目中是一个新人，并且还没有完全理解方案的功能性和或者设计。

④ 整个项目有时间压力。

⑤ 团队中没有资源或者缺乏具有自动化测试技能的人。

⑥ 没有自动化测试所需要的硬件。

4）企业软件的开发语言风险

当前流行的测试工具有几十种，相同功能的测试工具所支持的环境和语言各不相同。在评估完前面几项指标后，需要估算实施测试自动化的时间周期，以防止浪费不必要的时间，减少在人员、资金、资源投入上的无端消耗。虽然到测试自动化步入正轨以后，会起到事半功倍的效果，但前期的投入巨大，要全面考虑各种因素，明确实施计划并按计划严格执行，才能最大限度地降低风险。

5）工作流程变更风险

测试团队乃至整个开发组织实施测试自动化，或多或少会因为适应测试工具的工作流程，引起团队测试流程、开发流程的相应变更，而且，如果变更不善，会引起团队成员的诸多抱怨；所以应该尽量减少这种变更，并克服变更中可能存在的困难。

6）人员培训与变更风险

简单而言，就是测试团队人员的培训具有风险性，例如每个角色的定位是否准确，各角色人员对培训技能的掌握程度是否满意，尤其测试实施途中如果发生人员变更等风险，都要事先做出预测和相应的处理方案。

一个企业或软件团队实施测试自动化，会有来自方方面面的压力和风险，但是如果事先做好评估，做好风险预测，一旦团队成功引入测试自动化，将会使测试工作变得更简单、更有效。

5.2 自动化测试的策略与运用

软件复杂性增加、开发周期缩短使企业有必要加强对自动化测试策略的重视,并且寻找出提高测试效率、减少成本的方法。在设计新一代自动化测试系统时,可以加入能够增加系统灵活性、提供更高测量和吞吐量性能、降低测试系统成本并且延长寿命的策略。

5.2.1 自动化测试策略

1. 工作周期及阶段确定

组长初步确定工作周期,并定义自动化测试的阶段,例如需求分析、设计阶段、开发实现阶段、运行阶段。在运行阶段中,要根据所属系统所处软件生命周期的不同阶段来定义自动化测试的运行周期,例如当前处于所属系统的运营维护阶段(上线之后),系统每3个月进行一次新版本的发布,则自动化测试亦为每三个月执行一次;若系统每周进行一次新版本的发布,则自动化测试也每周执行一次。

2. 分析自动化测试风险

根据所属系统的开发平台、界面特性、测试环境搭建维护的难易程度、测试工具的适用性等方面的分析结果进行自动化测试风险的分析。主要从战略层面进行风险的分析,不要分析某个具体的自定义控件的可测试性。

3. 手工测试现状复审

依据手工测试现状分析报告中提供的已有业务测试过程进行业务需求覆盖度的分析,判断已有业务测试过程是否完整,若不完整则需要向测试管理部提出反馈:被测系统的手工测试现状尚不符合自动化测试的需求,请求是否延期并委托手工测试方完善业务测试过程。

4. 测试方法及工具确定

根据所属系统的特点和当前自动化测试组织的实施能力,确定自动化测试的方法,如业务驱动方法、关键字驱动方法、数据驱动方法;另外要结合现有的软件自动化测试专用工具,判断采用何种自动化测试管理工具搭建自动化测试的管理平台、运行平台,或者是新开发一种框架来实现自动化测试。

5. 编写文档

自动化测试分析师编制《自动化测试工作策略》。

6. 内部评审

组长组织自动化测试工作小组的内部评审。

7. 外部评审

组长向自动化测试管理组的计划控制经理提出评审申请,计划控制经理组织自动化测试管理组的外部评审,评审《自动化测试策略》,需要项目组、自动化测试小组和质量控制经理共同参与评审。组长将评审通过的《自动化测试策略》纳入配置管理库。

5.2.2 自动测试的运用步骤

1. 改进软件测试过程

在开始测试自动化之前,要完善测试计划和过程,并且确保已经采用了确定的测试方法,指明测试中需要什么样的数据,并给出设计数据的完整方法。确认可以提供上面提到的文档后,需要明确测试设计的细节描述,还应该描述测试的预期结果,这些通常被忽略,但建议测试人员知道。很多测试人员没有意识到他们缺少什么,并且由于害怕尴尬而不敢去求助别人。这样一份详细的文档会给测试小组带来立竿见影的效果,因为,现在任何一个具有基本产品知识的人根据文档就可以开展测试执行工作。在开始更为完全意义上的测试自动化之前,必须已经完成了测试设计文档。测试设计是测试自动化最主要的测试需求说明。不过,不需要过分细致地说明测试执行的每一个步骤,只要确保那些有软件基本操作常识的人员可以根据文档完成测试执行工作即可。负责测试设计的人员应当力求将测试设计的思路描述清楚。

另外一个提高测试效率的简单方法是采用更多的计算机。很多测试人员经常使用几台计算机进行测试,这一点显而易见。之所以强调采用更多的计算机是因为一些测试人员被误导在单机上努力地完成某些大容量的自动化测试执行工作,这种情况下由于错误地使用了测试设备、测试环境,导致测试没有效果。因此,自动化测试需要集中考虑所需要的支撑设备。

针对改进软件测试过程,最后一个建议是改进被测试的产品,使它更容易被测试,有很多改进措施既可以帮助用户更好地使用产品,也可以帮助测试人员更好地测试产品。一些产品非常难安装,测试人员在安装和卸载软件上需要花费大量的时间。这种情况下,与其实现产品安装的自动化测试,不如改进产品的安装功能。采用这种解决办法,最终用户会受益。另外一个方法是考虑开发一套自动安装程序,该程序可以和产品一同发布。事实上,现在有很多专门制作安装程序的商用工具。

通过改进产品的性能对测试非常有帮助。如果产品的性能影响了测试速度,鉴别出性能比较差的产品功能,并度量该产品功能的性能,把它作为影响测试进度的缺陷,提交缺陷报告。

通过以上几种方法可以在无须构建自动化测试系统的情况下,大幅度提高测试效率。改进软件测试过程中花费的构建自动化测试系统的时间虽多,不过改进测试过程无疑可以使自动化测试项目更加顺利地开展起来。

2. 定义需求

在实际的测试中,自动化工程师和自动化测试发起者的目标往往存在偏差。为了避免这种情况,需要使自动化测试在需求上保持一致。自动化测试需求,用来描述需要测试什么。测试需求应该在测试设计阶段详细描述出来,自动化测试需求描述了自动化测试的目标。

开发管理、测试管理和测试人员实现自动化测试的目标常常是有差别的。除非三者之间达成一致,否则很难定义什么是成功的自动化测试。不同的情况下,有的自动化测试目标比较容易达到,有的则比较难达到。测试自动化往往对测试人员的技术水平要求很高,测试人员必须能充分理解自动化测试,从而通过自动化测试不断发现软件缺陷。自动化测试不利于测试人员积累测试经验。在开始自动化测试之前应该确定自动化测试成功的标准。

手工测试人员在测试执行过程中的一些操作能够发现一些新的问题。手工测试人员计划并获取必要的测试资源,建立测试环境,执行测试用例。测试过程中,如果有什么异常的情况发生,手工测试人员可以立刻关注到。手工测试人员对比实际测试结果和预期测试结果,记录测试结果,复位被测试的软件系统,准备下一个软件测试用例的环境。他们分析各种测试用例执行失败的情况,研究测试过程可疑的现象,寻找测试用例执行失败的过程,设计并执行其他的测试用例帮助定位软件缺陷。最后,手工测试人员写作缺陷报告单,保证缺陷被修改,并且总结所有的缺陷报告单,以便其他人能够了解测试的执行情况。

不要强行在测试的每个部分都采用自动化测试的方式,而是寻找能够带来最大回报的部分,部分地采用自动化测试是最好的方法。在实际测试中,可以采用自动化执行和手动确认测试执行结果的方式,也可以采用自动化确认测试结果和手工测试执行相结合的方式,并非各个环节都采用自动化的测试方式才是真正意义上的自动化测试。

定义自动化测试项目的需求要求全面、清楚地考虑各种情况,然后给出权衡后的需求,并且可以使测试相关人员更加合理地提出自己对自动化测试的期望。通过定义自动化测试需求,距离成功的自动化测试更近一步。

3. 验证概念

在测试开始前必须验证自动化测试项目的可行性。验证过程花费的时间往往比预期的要长,并且需要其他人员的帮助。要尽快验证采用的测试工具和测试方法的可行性,站在产品的角度验证所测试的产品采用自动化测试的可行性。这通常很困难,需要尽快地找出可行性问题的答案,需要确定测试工具和测试方法对于被测试的产品和测试人员是否合适。一个快速、有说服力的测试方案可以证明测试工具和测试方法的正确性,从而验证测试概念。用来验证概念的测试方案是评估测试工具最好的方式。

一些候选的验证概念的试验如下。

(1) 回归测试:回归测试是最宜采用自动化测试的环节。

(2) 配置测试:在所有支持的平台上测试执行所有的测试用例。

(3) 测试环境建立:对于大量不同的测试用例,可能需要相同的测试环境搭建过程。在开展自动化测试执行之前,先实现测试环境搭建的自动化。

(4) 非 GUI(Graphical User Interface,图形用户接口)测试:实现命令行和 API(Application Programming Interface,应用程序接口)的测试自动化比 GUI 自动化测试容易得多。

无论采用什么测试方法,定义一个看得见的目标,然后集中在这个目标上。通过验证自动化测试概念可以使自动化测试更容易成功。

4. 支持产品的可测试性

软件产品一般会用到下面三种不同类别的接口:命令行接口(Command Line Interfaces,CLI)、应用程序接口、图形用户接口。有些产品会用到所有三类接口,有些产品只用到一类或者两类接口,这些是测试中所需要的接口。从本质上看,API 接口和命令行接口比 GUI 接口容易实现自动化。有时,API 接口和命令行接口隐藏在产品的内部,如果确实没有,需要鼓励开发人员在产品中提供命令行接口或者 API 接口,从而支持产品的可测试性。

有三个原因导致 GUI 自动化测试比预期的困难。

（1）需要手工完成部分脚本。绝大多数自动化测试工具都有"录制回放"或者"捕捉回放"功能。可以手工执行测试用例，测试工具在后台记住所有操作，然后产生可以用来重复执行的测试用例脚本。但是有很多问题导致"录制回放"不能应用到整个测试执行过程中。结果，GUI 测试还是主要由手工完成。

（2）把 GUI 自动化测试和被测试的产品有机地结合在一起需要面临技术上的挑战。经常要在采用众多专家意见和最新的 GUI 接口技术的基础上才能使 GUI 测试工具正常工作。这个困难也是 GUI 自动化测试工具价格昂贵的主要原因之一。非标准的、定制的控件会增加测试的困难，但可以采用修改产品源代码的方式，也可以从测试工具供应商处升级测试工具。另外，还需要分析测试工具中的缺陷，并且给工具打上补丁。也可能测试工具需要做定制，以便能有效地测试产品界面上的定制控件。GUI 测试中，困难有时意外出现。可能需要重新设计测试以规避那些存在问题的界面控件。

（3）GUI 设计方案的变动会直接带来 GUI 自动化测试复杂度的提高。在开发的整个过程中，图形界面经常被修改或者完全重设计。一般来讲，第一个版本的图形界面都不是很理想。如果处在图形界面方案不停变动的时候，就开展 GUI 自动化测试将不会有任何进展，只能花费大量的时间修改测试脚本，以适应图形界面的变更。即便界面的修改会导致测试修改脚本，也不应该反对开发人员改进图形界面。一旦原始的设计完成后，图形界面接口下面的编程接口就可以固定下来。

上述这些原因都是基于采用 GUI 自动化测试的方法完成产品的功能测试产生的。图形界面接口也需要测试，可以考虑实现 GUI 测试自动化。同时，也应该考虑采用其他方法测试产品的核心功能，并且这些测试不会因为图形界面发生变化而被中断，这类测试应该采用命令行接口或者 API 接口。

为了让 API 接口测试更加容易，可以把接口与某种解释程序，例如 Tcl、Perl 或者 Python 绑定在一起，这使交互式测试成为可能，并且可以缩短自动化测试的开发周期。采用 API 接口的方式，还可以实现独立的产品模块的单元测试自动化。

一个关于隐藏可编程接口的例子是 InstallShield，一款非常流行的制作安装盘的工具。InstallShield 有命令行选项，采用这种选项可以实现非 GUI 方式的安装盘，采用这种方式，从提前创建好的文件中读取安装选项。这种方式可能比采用 GUI 的安装方式更简单更可靠。

另一个例子是关于如何避免基于 Web 软件的 GUI 自动化测试。采用 GUI 测试工具可以通过浏览器操作 Web 界面。Web 浏览器是通过 HTTP 协议与 Web 服务器进行交互的，所以直接测试 HTTP 协议更加简单。Perl 可以直接连接 TCP/IP 端口，完成这类自动化测试。采用高级接口技术，譬如客户端 Java 或者 ActiveX 不可能利用这种方法。但是，如果在合适的环境中采用这种方式，将发现这种方式的自动化测试比 GUI 自动化测试更加便宜，更加简单。

无论需要支持图形界面接口、命令行接口还是应用程序接口，如果尽可能早地在产品设计阶段提出产品的可测试性设计需求，那么，未来的测试工作中很可能成功。尽可能早地启动自动化测试项目，提出可测试性需求，是走向自动化测试的成功之路。

5. 具有可延续性的设计

自动化测试是一个长期的过程,为了与产品新版本的功能和其他相关修改保持一致,自动化测试需要不停地维护和扩充。在自动化测试设计中,考虑自动化在未来的可扩充性很关键,同时,自动化测试的完整性也很重要。如果自动化测试程序报告测试用例执行通过,测试人员应该相信得到的结果,测试执行的实际结果也应该是通过。其实,有很多存在问题的测试用例表面上执行通过了,实际上却执行失败了,并且没有记录任何错误日志,这就是失败的自动化。这种失败的自动化会给整个项目带来灾难性的后果,而当测试人员构建的测试自动化采用了很糟糕的设计方案或者由于后来的修改引入了错误,都会导致这种失败的测试自动化。失败的自动化通常是由于没有关注自动化测试的性能或者没有充分地进行自动化设计导致的。

提高代码的性能往往会增加代码的复杂性,因此,会威胁到代码的可靠性。很少人关心如何对自动化本身加以测试。通过对测试方案性能的分析,很多测试方案都是花费大量的时间等候产品的运行。因此,在不提高产品运行性能的前提下,无法更有效地提高自动化测试执行效率。自动化工程师只是从计算机课程上了解到应该关注软件的性能,而并没有实际的操作经验。如果测试方案的性能问题无法改变,那么应该考虑提高硬件的性能;测试方案中经常会出现冗余,也可以考虑取出测试方案中的冗余或者减少一个测试方案中完成的测试任务。

测试自动化执行失败后应该分析失败的结果。分析执行失败的自动化测试结果是件困难的事情,需要从多方面着手,比如测试上的报警信息是真的还是假的?是不是因为测试方案中存在缺陷导致测试执行失败?是不是在搭建测试环境中出现了错误导致测试执行失败?是不是产品中确实存在缺陷导致测试执行失败?有一些方法可以帮助进行测试执行失败的结果分析,可以通过在测试执行之前检查常见的测试环境搭建问题,从而提高测试方案的可靠性;通过改进错误输出报告,从而提高测试自动化的错误输出的可分析性;此外,还可以改进自动化测试框架中存在的问题。训练测试人员如何分析测试执行失败结果。甚至可以找到那些不可靠的、冗余的或者功能比较独立的测试,然后安全地将之删除。上面这些都是减少自动化测试误报警、提高测试可分析性积极有效的方法。另外,有一种不合适的测试结果分析方法,即采用测试结果后处理程序对测试结果自动分析和过滤,尽管也可以采用这种测试结果分析方法,不过这种方法会使自动化测试系统复杂化,更重要的是,后处理程序中的缺陷会严重损害自动化测试的完整性。综上所述,应该集中精力关注可以延续使用的测试方案。

6. 有计划的部署

如果自动化工程师没有提供打包后的自动化测试程序给测试执行人员,会影响到测试执行,测试执行人员不得不反过来求助自动化工程师指出如何使用自动化测试程序。

自动化工程师应该知道如何利用自动化方法执行测试和分析执行失败的结果。但是,测试执行人员却未必知道如何使用自动化测试。因此,自动化工程师需要提供自动化测试程序的安装文档和使用文档,保证自动化测试程序容易安装和配置。当安装的环境与安装的要求不匹配,出现安装错误的时候,能够给出有价值的提示信息,便于定位安装问题。

应当保证其他测试人员能够随时利用已经提供的自动化测试程序和测试方案开展测试工作；保证自动化测试符合一般测试执行人员的思维习惯；保证测试执行人员能够理解测试结果，并能够正确分析失败的测试执行结果；这需要自动化工程师提供自动化测试相关的指导性文档和培训。

作为测试管理者，自动化工程师离开前，应能够识别并修改测试方案中的所有问题。如果没有及时提出测试方案中的问题，就会面临废弃已有的测试方案的决定。

良好的测试方案有诸多益处。良好的测试方案支持对产品新版本的测试；良好的测试方案在新的软件平台上可以很方便地验证产品的功能；良好的测试方案支持每天晚上开始的软件每日构造过程；甚至开发人员在代码签入之前，可以用良好的测试方案验证代码的正确性。

有计划的自动化测试部署，保证测试方案能够被产品相关人员获取到，就向成功的自动化测试又迈进了一步。

7. 开展自动化测试

到此，测试方案的相关工作还没有结束，为了提高测试覆盖率或者测试新的产品特性，需要增加更多的测试。如果已有的测试不能正常工作，那么需要对之修改；如果已有的测试是冗余的，那么需要删除这部分测试。

随着时间的推移，开发人员也要研究测试设计，改进产品的设计并且通过模拟测试过程对产品做初步测试，研究如何使产品在第一次测试时就通过。但是自动化测试不是全能的，手工测试永远无法完全被替代。

有些测试受测试环境的影响很大，往往需要采用人工方法获取测试结果，分析测试结果。因此，很难预先知道设计的测试用例有多大的重用性。自动化测试还需要考虑成本问题，一切测试都采用自动化的方法是不现实的。

在开展自动化测试的时候，测试自动化应该及时地提供给测试执行人员，但是如何保证需求变更后，也能够及时提供更新后的自动化测试给执行人员很重要。如果自动化测试与需求变更无法同步，那么自动化测试的效果就无法保证，测试人员就不愿意花费时间学习如何使用新的测试工具和如何诊断测试工具上报的错误。识别项目计划中的软件发布日期，当达到这个日期后，自动化工程师要关注当前产品版本的发布，要为测试执行人员提供帮助和咨询，当测试执行人员知道如何使用自动化测试时，自动化测试工程师可以考虑下一个版本的测试自动化工作，包括改进测试工具和相关的库。当开发人员开始设计产品下一个版本中的新特性的时候，如果考虑了自动化测试需求，那么自动化测试师的设计工作就很好开展，采用这种方法，自动化测试工程师可以保持与开发周期同步，而不是与测试周期同步。如果不采用这种方式，在产品版本升级的过程中，自动化测试将无法得到进一步的改进。

5.2.3 测试工具的运用及作用

软件测试在整个软件开发过程中占据了将近一半的时间和资源。通过在测试过程中合理地引入软件测试工具，能够缩短软件开发时间，提高测试质量，从而更快、更好地为用户提供他们需要的软件产品。

随着对软件测试重视的提高，国内软件测试技术的发展也很快，逐渐从过去手工作坊式的测试向测试工程化的方向发展。要真正实现软件测试的工程化,其基础之一就是要有一大批支持软件测试工程化的工具。因此,软件测试工具对于实现软件测试的工程化来说至关重要。下面就从如何进一步提高软件测试质量和效率的角度出发,讨论测试工具在软件测试过程中的应用。

1. 引入测试工具的优势

(1) 提高工作效率。这是引入测试工具给测试带来的一个显著好处。那些固定的、重复性的工作,可以由测试工具来完成,这样就使得测试人员能有更多的时间来计划测试过程,设计测试用例,使测试进行得更加完善。

(2) 保证测试的准确性。测试需要投入大量的时间和精力,进行人工测试时,经常会出现一些人为的错误,而工具的特点恰恰能保证测试的准确性,防止人为疏忽造成的错误。

(3) 进行困难的测试工作。有一些测试工作,人工进行很困难。有的是因为进行起来较为复杂,有的是因为测试环境难以实现。测试工具可以执行一些通过手工难以执行,或者是无法执行的测试。

2. 测试工具的类别

目前,测试工具基本覆盖各个测试阶段。按照工具所完成的任务,可以分为以下几类。

1) 测试设计工具

测试设计工具即测试用例设计工具,是一种帮助用户设计测试用例的软件工具。设计测试用例是一项智力活动,很多设计测试用例的原则、方法是固定的,如等价类划分、边界值分析、因果图等,这些成型的方法很适合通过软件工具来实现。

测试用例设计工具按照生成测试用例时数据输入内容的不同,可以分为:基于程序代码的测试用例设计工具和基于需求说明的测试用例设计工具。下面分别对这两类工具进行介绍。

基于程序代码的测试用例设计工具是一种白盒工具,它读入程序代码文件,通过分析代码的内部结构,产生测试的输入数据。这种工具一般应用在单元测试中,针对的是函数、类这样的测试对象。由于这种工具与代码的联系很紧密,所以,一种工具只能针对某一种编程语言。这类工具的局限性是只能产生测试的输入数据,而不能产生输入数据后的预期结果,这个局限也是由这类工具生成测试用例的机理所决定的。所以,基于程序代码的测试用例设计工具所生成的测试用例,还不能称为真正意义上的测试用例。但是,这种工具仍然为设计单元测试的测试用例提供了很大便利。

基于需求说明的测试用例设计工具,依据软件的需求说明,生成基于功能需求的测试用例。这种工具所生成的测试用例既包括测试输入数据,也包括预期结果,是真正完整的测试用例。使用这种测试用例设计工具生成测试用例时,需要人工事先将软件的功能需求转化为工具可以理解的文件格式,再以这个文件作为输入,通过工具生成测试用例。在使用这种测试用例设计工具来生成测试用例时,需求说明的质量很重要。由于这种测试用例设计工具是基于功能需求的,所以可用来设计任何语言、任何平台的任何应用系统的测试用例。

SoftTest 是一种基于需求说明的测试用例设计工具。在使用 SoftTest 生成测试用例时,先将软件功能需求转化为文本形式的因果图,然后让 SoftTest 读入,SoftTest 会根据因果图自动生成测试用例。在这个过程中,工具的使用者只需要完成由功能需求到因果图的转化,至于如何使用因果图来生成测试用例,则完全由 SoftTest 完成。

所有测试用例设计工具都依赖于生成测试用例的算法,工具比使用相同算法的测试人员设计的测试用例更彻底、更精确。但是,人工设计测试用例时,可以考虑附加测试,可以对遗漏的需求进行补充,而工具无法做到这些。所以,测试用例设计工具并不能完全代替测试工程师来设计测试用例。使用这些工具的同时,再由测试工程师检查、补充一部分测试用例,会取得比较好的效果。

2) 静态分析工具

一提到软件测试,人们的第一印象就是填入数据、单击按钮等这些功能操作。这些测试工作确实重要,但不是软件测试的全部。与这种动态运行程序的测试相对应,还有一种静态测试,也叫作静态分析。

进行静态分析时,不需要运行所测试的程序,而是通过检查程序代码,对程序的数据流和控制流信息进行分析,找出系统的缺陷,得出测试报告。

进行静态分析能切实提高软件的质量,但由于需要分析人员阅读程序代码,使得这项工作进行起来工作量很大。对软件进行静态分析的测试工具在这种需求下产生了。现在的静态分析工具一般提供两个功能:分析软件的复杂性、检查代码的规范性。

软件质量标准化组织制定了一个 ISO/IEC 9126 质量模型,用来量化地衡量一个软件产品的质量。该软件质量模型是一个分层结构,包括质量因素、质量标准、质量度量元三层。质量度量元处于质量模型分层结构中的最底层,它直接面向程序的代码,记录的是程序代码的特征信息,比如函数中包含的语句数量、代码中注释的数量。质量标准是一个概括性的信息,它比质量度量元高一级,一个质量标准由若干个质量度量元组成。质量因素由所有的质量标准共同组成,处于软件质量模型的最高层,是对软件产品的总体评价。具有分析软件复杂性功能的静态分析工具,除了在其内部包含上述的质量模型外,通常还会从其他的质量方法学中吸收一些元素,比如 Halstend 质量方法学、McCabe 质量方法学。这些静态分析工具允许用户调整质量模型中的一些数值,以更加符合实际情况的要求。

在用这类工具对软件产品进行分析时,以软件的代码文件作为输入,静态分析工具对代码进行分析,然后与用户定制的质量模型进行比较,根据实际情况与模型之间的差距,得出对软件产品的质量评价。

具有检查代码规范性功能的静态分析工具,其内部包含得到公认的编码规范,如函数、变量、对象的命名规范,函数语句数的限制等,工具支持对这些规范的设置。工具的使用者根据情况,裁减出适合自己的编码规范,然后通过工具对代码进行分析,定位代码中违反编码规范的地方。

与人工进行静态分析的方式相比,通过使用静态分析工具,一方面能提高静态分析工作的效率,另一方面也能保证分析的全面性。

3) 单元测试工具

单元测试是软件测试过程中一个重要的测试阶段。与集成测试、确认测试相比,在编码完成后对程序进行有效的单元测试,能更直接、更有效地改善代码质量。

进行单元测试不是一件轻松的事。一般来讲,进行一个完整的单元测试所需的时间,与编码阶段所花费的时间大致相同。进行单元测试时,根据被测单元(可能是一个函数,或是一个类)的规格说明,设计测试用例,然后通过执行测试用例,验证被测单元的功能是否能正常实现。此外,在单元测试阶段,还需要找出那些短时间内不会马上表现出来的问题(比如 C 代码中的内存泄漏),需要查找代码中的性能瓶颈,并且为了验证单元测试的全面性,还需了解单元测试结束后测试所达到的覆盖率。

针对这些在单元测试阶段需要做的工作,产生了各种用于单元测试的工具。典型的单元测试工具有以下几类。

(1) 动态错误检测工具,用来检查代码中类似内存泄漏、数组访问越界这样的程序错误。程序功能上的错误比较容易被发现,因为它们很容易表现出来。但类似内存泄漏这样的问题,因为在程序短时间运行时不会表现出来,所以不易被发现。遗留有这样问题的单元被集成到系统后,会使系统非常不稳定。

(2) 性能分析工具,记录被测程序的执行时间。小到一行代码、一个函数的运行时间,大到一个.exe 或.dll 文件的运行时间,性能分析工具都能清晰地记录下来。通过分析这些数据,能够帮助定位代码中的性能瓶颈。

(3) 覆盖率统计工具,统计出当前执行的测试用例对代码的覆盖率。覆盖率统计工具提供的信息,可以帮助测试人员根据代码的覆盖情况,进一步完善测试用例,使所有的代码都能被测试到,保证单元测试的全面性。

动态错误检测工具、性能分析工具、覆盖率统计工具的运行机理是:用测试工具对被测程序进行编译、连接,生成可执行程序。在这个过程中,工具会向被测代码中插入检测代码。然后运行生成的可执行程序,执行测试用例,在程序运行的过程中,工具会在后台通过插入被测程序的检测代码收集程序中的动态错误、代码执行时间、覆盖率信息。在退出程序后,工具将收集到的各种数据显示出来,供测试人员分析。

4) 功能测试工具

在软件产品的各个测试阶段,通过测试发现了问题,开发人员就要对问题进行修正,修正后的软件版本需要再次进行测试,以验证问题是否得到解决,是否引发了新的问题,这个再次进行测试的过程,称为回归测试。

由于软件本身的特殊性,每次回归测试都要对软件进行全面的测试,以防止由于修改缺陷而引发新的缺陷。回归测试的工作量很大,操作也很乏味,因为要将上一轮执行过的测试原封不动地再执行一遍。设想一下,如果能有一个机器人,像播放录影带一样,将上一轮执行过的测试原封不动地在软件新版本上再重新执行一遍即可。这样做,一方面,能保证回归测试的完整性、全面性,测试人员也能有更多的时间来设计新的测试用例,从而提高测试质量;另一方面,能缩短回归测试所需要的时间,缩短软件产品的面市时间。功能测试自动化工具就是一个能完成这项任务的软件测试工具。

功能测试自动化工具理论上可以应用在各个测试阶段,但大多数情况下是在确认测试阶段中使用。功能测试自动化工具的测试对象是那些拥有图形用户界面的应用程序。

一个成熟的功能测试自动化工具要包括录制和回放、检验、可编程这几项基本功能。

录制，就是记录下对软件的操作过程；回放，就是像播放电影一样重放录制的操作。启动功能测试自动化工具，打开录制功能，按照测试用例中的描述一步一步地操作被测软件，功能测试自动化工具会以脚本语言的形式记录下操作的全过程。按照此方法，可以将所有的测试用例进行录制。在需要重新执行测试用例时，回放录制的脚本，功能测试自动化工具依照脚本中的内容，操作被测软件。除了速度非常快之外，通过功能测试自动化工具执行测试用例与人工执行测试用例的效果是完全一样的。

录制只是实现了测试输入的自动化。一个完整的测试用例，由输入和预期输出共同组成。所以，仅有录制回放还不是真正的功能测试自动化。测试自动化工具中有一个检验功能，通过检验功能，在测试脚本中设置检验点，使得功能测试自动化工具能够对操作结果的正确性进行检验，这样就实现了完整的测试用例执行自动化。软件界面上的一切界面元素，都可以作为检验点来对其进行检验，比如文本、图片、各类控件的状态等。

脚本录制好，加入检验点，一个完整的测试用例就实现了自动化。但测试人员还想对脚本的执行过程进行更多的控制，比如依据执行情况进行判断，从而执行不同的路径，或者是对某一段脚本重复执行多次。通过对录制的脚本进行编程，可以实现上述要求。现在的主流功能测试自动化工具都支持对脚本的编程。像传统的程序语言一样，在功能测试自动化工具录制的脚本中，可加入分支、循环、函数调用这样的控制语句。通过对脚本进行编程，能够使脚本更加灵活，功能更加强大，脚本的组织更富有逻辑性。在传统的编程语言中适用的那些编程思想，在组织测试自动化脚本时同样适用。

在测试过程中，使用功能测试自动化工具的大致过程如下。

（1）准备录制。保证所有要自动化的测试用例已经设计完毕，并形成文档。

（2）进行录制。打开功能测试自动化工具，启动录制功能，按测试用例中的输入描述，操作被测试应用程序。

（3）编辑测试脚本。通过加入检测点、参数化测试，以及添加分支、循环等控制语句，来增强测试脚本的功能，使将来的回归测试真正能够自动化。

（4）调试脚本。调试脚本，保证脚本的正确性。

（5）在回归测试中运行测试。在回归测试中，通过功能测试自动化工具运行脚本，检验软件正确性，实现测试的自动化进行。

（6）分析结果，报告问题。查看测试自动化工具记录的运行结果，记录问题，报告测试结果。

5）性能测试工具

通过性能测试，检验软件的性能是否达到预期要求，是软件产品测试过程中的一项重要任务。性能测试用来衡量系统的响应时间、事务处理速度和其他时间敏感的需求，并能测试出与性能相关的工作负载和硬件配置条件。通常所说的压力测试和容量测试，也都属于性能测试的范畴，只是执行测试时的软、硬件环境和处理的数据量不同。

对系统经常会进行的性能测试包括：系统能承受多少用户的并发操作；系统在网络较为拥挤的情况下能否继续工作；系统在内存、处理器等资源紧张的情况下是会否发生错误等。由于性能测试自身的特点，完全依靠人工执行测试具有一定的难度。比如，要检验一个基于 Web 的系统，在 10000 个用户并发访问的情况下，是否能正常工作。如果通过人工测试的方式，很难模拟出这种环境。在这种情况下，就需要使用性能测试工具。

使用性能测试工具对软件系统的性能进行测试时，可以分为以下几个步骤。

（1）录制软件产品中要对其进行性能测试的功能部分的操作过程。这一步与前面讨论过的功能测试自动化工具中的录制过程很相似。功能录制结束后，会形成与操作相对应的测试脚本。

（2）根据具体的测试要求，对脚本进行修改，对脚本运行的过程进行设置，如设置并发的用户数量、网络的带宽，使脚本运行的环境与实际要模拟的测试环境一致。

（3）运行测试脚本。性能测试工具会在模拟的环境下执行所录制的操作，并实时地显示与被测软件系统相关的各项性能数据。

性能测试工具实际上是一种模拟软件运行环境的工具，它能帮助测试人员在实验室里搭建出需要的测试环境。现在，基于 Web 是软件系统发展的一个趋势，性能测试变得比以往更重要，性能测试工具也会在软件测试过程中被更多地使用。

6）测试管理工具

软件测试贯穿整个软件开发过程，按照工作进行的先后顺序，测试过程可分为制订计划、测试设计、测试执行、跟踪缺陷这几个阶段。在每个阶段，都有一些数据需要保存，人员之间也需要进行交互。测试过程管理工具就是一种用于满足上述需求的软件工具，它管理整个测试过程，保存在测试不同阶段产生的文档、数据，协调技术人员之间的工作。

测试过程管理工具一般都包括：管理软件需求、管理测试计划、管理测试用例、缺陷跟踪、测试过程中各类数据的统计和汇总这些功能。

市面上商用的测试管理工具有很多，基本上都是基于 Web 的系统，这样更利于跨地区团队之间的协作。

3. 正确认识测试工具的作用

如果一个现在正在从事软件测试工作，但在测试过程中还没有使用过测试工具的人看到以上这些内容，可能会非常兴奋，因为他觉得只要在测试过程中引入相关的测试工具，那些一直困扰他们测试团队的问题就都能轻松解决。

在软件测试行业领域内经常会有这种想法，认为通过引入一种新的技术，就能解决面临的所有问题。这种想法，忽视了除技术以外测试人员仍然需要做的工作。软件测试工具确实能提高测试的效率和质量，但它并不能解决一切问题。

软件测试工具能在测试过程中发挥多大作用，取决于测试过程的管理水平和人员的技术水平。测试过程的管理水平和人员的技术水平是一个开发组织不断改进，长期积累的结果。如果一个测试组织的测试过程管理很混乱，人员缺乏经验，则不必忙于引入各种测试工具，这时首先应该做的是改进测试过程，提高测试人员的技术水平，再根据情况逐步引入测试工具，进一步改善测试过程，提高测试效率和质量。

5.3 常用自动化测试工具

自动化测试工具可以减少测试工作量，提高测试工作效率。对企业而言，首先要选择一个合适的且满足企业实际应用需求的自动化测试工具，因为不同的测试工具，其面向的测试对象不同，测试的重点也有所不同。按照测试工具的主要用途和应用领域，可以将自动化测试工具分为以下几类。

5.3.1 功能测试类

1. WinRunner

WinRunner 是 MI(Mercury Interactive)公司开发的企业级功能测试工具，2006 年 MI 公司被 HP(Hewlett-Packard)公司全权收购。目前 WinRunner 已经从 HP 产品中消失，然而国内外仍有众多公司使用它进行自动化测试。WinRunner 的 C 语言脚本为 IT 系统底层及嵌入式领域的应用提供了极大的便利性。

WinRunner 能快速、批量地完成功能点测试；能按照同一脚本重复执行相同的动作，消除人工测试带来的误差；能自动重复执行工作任务，减少测试时间；能用简单的测试工具覆盖不同的环境优化测试；通过修改和重用测试脚本，使测试的投入最小化；支持程序风格的测试脚本，通过使用通配符、条件语句、循环语句等，能较好地完成测试脚本的重用。

2. QuickTest Professional

QuickTest Professional 是 HP Mercury 提供的一款用于创建功能和回归测试的自动化测试工具，目前是 HP 主要的功能测试软件。它自动捕获、验证和重放用户的交互行为，使用关键字驱动的测试概念，简化了测试创建和维护过程。

3. Rational Robot/Functional Tester

Rational Robot 是 IBM(International Business Machines)公司旗下 Rational 软件的产品之一。它主要侧重于 C/S 应用程序的功能测试，对于 Visual Studio 编写的程序支持的非常好，同时还支持 Java Applet、HTML、Oracle Forms、People Tools。Functional Tester 是为了更好地支持 Web 应用程序而开发的自动化功能测试工具。Functional Tester 是 Robot 的 Java 实现版本，在 Rational 被 IBM 收购后发布。在 Java 的浪潮下，Robot 被移植到 Eclipse 平台，并完全支持 Java 和.net。可以使用 VB.net 和 Java 进行脚本的编写。由于支持 Java，那么对测试脚本进行测试也变成了可能。

4. UiAutomator

UiAutomator 是测试原生态安卓 APP 的功能测试工具。它用来做 UI 测试，也就是普通的手工测试，单击每个控件元素，看输出的结果是否符合预期。如登录界面，分别输入正确、错误的用户名、密码和验证码，然后单击登录，看是否登录成功以及是否有错误提示。

5.3.2 性能/负载/压力测试类

1. LoadRunner

LoadRunner 支持多种常用协议，且个别协议支持的版本比较高；可以设置灵活的负载压力测试方案，可视化的图形界面可以监控丰富的资源；报告可以导出到 Word、Excel 以及 HTML 格式的文件中。

2. WebLoad

WebLoad 是 RadView 公司推出的一个性能测试和分析工具，它让 Web 应用程序开发者自动执行压力测试。WebLoad 通过模拟真实用户的操作，生成压力负载来测试 Web 的性能。用户创建的是基于 JavaScript 的测试脚本，称为议程 Agenda，用它来模拟客户的行为，通过执行该脚本来衡量 Web 应用程序在真实环境下的性能。

3. E-Test Suite

E-Test Suite 是由 Empirix 公司开发的测试软件，能够和被测试应用软件无缝结合的 Web 应用测试工具。工具包含 e-Tester、e-Load 和 e-Monitor，这三种工具分别对应功能测试、压力测试以及应用监控，每一部分功能相互独立，测试过程又可彼此协同。

4. QALoad

QALoad 有很多优秀的特性：测试接口多；可预测系统性能；通过重复测试寻找瓶颈问题；从控制中心管理全局负载测试；可验证应用的扩展性；快速创建仿真的负载测试；性能价格比较高。此外，QALoad 不仅能测试 Web 应用，还可以测试一些后台应用，比如 SQL Server 等。只要是 QALoad 支持的协议，都可以测试。

5. Benchmark Factory

首先，Benchmark Factory 可以测试服务器群集的性能；其次，可以实施基准测试；最后，可以生成高级脚本。

6. Meter

Meter 是开源测试工具，专门为运行和服务器负载测试而设计的纯 Java 桌面运行程序。起初，Meter 是为 Web/HTTP 测试而设计的，但是它已经扩展到可以支持各种各样的测试模块。Meter 和 HTTP、SQL（使用 JDBC）的模块一起运行。Meter 可以用来测试静止或活动资料库中的服务器运行情况，可以用来模拟服务器或网络系统在重负载下的运行情况。Meter 也提供了一个可替换的界面用来定制数据显示，测试同步及测试的创建和执行。

7. WAS

WAS 是 Microsoft 公司提供的免费的 Web 负载压力测试工具，应用广泛。WAS 可以通过一台或多台客户机模拟大量用户的活动。WAS 支持身份验证、加密和 Cookies，也能够模拟各种浏览器和 Modem 速度，它的功能和性能可以与数万美元的产品媲美。

8. ACT

ACT 或称 MSACT，它是微软的 Visual Studio 和 Visual Studio.net 自带的一套进行程序压力测试的工具。ACT 不仅可以记录程序运行的详细数据参数，用图表显示程序运行情况，而且安装和使用都比较简单，结果阅读方便，是一套较理想的测试工具。

9. OpenSTA

OpenSTA 的全称是 Open System Testing Architecture。OpenSTA 的特点是可以模拟很多用户来访问需要测试的网站，它是一个功能强大、自定义设置功能完备的软件。但是，这些设置大部分需要通过 Script 来完成，因此在真正使用这个软件之前，必须学习好 Script 编写。

10. PureLoad

PureLoad 是一个完全基于 Java 的测试工具，它的 Script 代码完全使用 XML。所以，编写 Script 很简单。它的测试包含文字和图形并可以输出为 HTML 文件。由于

PureLoad 是基于 Java 的软件,因此 PureLoad 可以通过 Java Beans API 来增强软件功能。

5.3.3 测试管理工具

1. TestDirector MI 的测试管理工具

TestDirector MI 可以与 WinRunner、LoadRunner、QuickTestPro 进行集成。除了可以跟踪缺陷外,还可以编写测试用例、管理测试进度等,是测试管理的首选软件。

2. TestManager Rational Testsuite

TestManager Rational Testsuite 可以用来编写测试用例、生成 Datapool、生成报表、管理缺陷以及日志等,是一个企业级的强大测试管理工具。其缺点是必须和其他组件一起使用,测试成本比较高。

TrackRecord 是一款擅长缺陷管理的工具。

3. TestTrack/Bugzilla

TestTrack 是 Seapine 公司的产品,在国内应该是应用比较多的一个产品缺陷的记录及跟踪工具,它能够为用户建立一个完善的缺陷跟踪体系,包括报告、查询并产生报表、处理解决等几个部分。它的主要特点为:基于 Web 方式,安装简单;有利于缺陷的清楚传达;系统灵活,可配置性很强;自动发送 E-mail。Bugzilla 是开源缺陷记录和跟踪工具,最大的优点是免费。

4. Jira

Jira 是一个缺陷管理工具,自带 Tomcat 4;同时有简单的工作流编辑,可用来定制流程;数据存储在 HSQL 数据引擎中,因此,只要计算机安装了 JDK 就可以使用。相对于 Bugzilla 来说,Jira 有不少自身的特点,但它并不是开源工具,受到许可证的限制。

小结

自动化测试工具可以减少测试工作量,提高测试工作效率。阐述了我国软件企业现状,分析了引入自动化测试的时机和条件。详细描述了自动化测试的设计策略和测试步骤,并说明自动化测试工具在自动化测试中的重要性。

习题

1. 名词解释:自动化测试、关键字驱动。
2. 简述自动化测试的必然性。
3. 自动化测试应该在什么时机引入?
4. 简述自动化测试的步骤。
5. 简述自动化测试工具的作用。
6. 自动化测试工具可以分为哪几类?举例说明几种与之相应的测试工具。

第 6 章

软件测试管理

本章概要

软件测试管理就是通过专门的测试组织,运用专门的软件测试知识、技能、工具和方法,对测试项目进行计划、组织、执行和控制,建立起软件测试管理系统,确保软件测试在保证软件质量中发挥关键作用。本章重点介绍软件质量管理和配置管理等内容。

6.1 软件质量管理

6.1.1 软件质量管理特性

软件测试管理的最终目的是保证和提高软件质量,因此首先需要理解什么是软件质量。随着软硬件技术的发展,人们对软件的理解也在不断变化,软件质量标准也处于不断变化的过程中。不同的标准化组织在不同的时期都给出过软件质量的多种定义,能够被普遍接受的观点是"软件质量是与软件系统或软件产品满足明确或隐含需求的能力有关的特征和特性的集合"。

上述定义包含软件质量的以下特性。

(1) 软件需求是软件质量的基础。软件与需求不一致的程度越大,质量就越差。

(2) 软件质量既要保证明确的用户需求,也要保证隐含的用户需求。软件结构良好、能合理利用计算资源、程序代码易于理解和修改、软件维护方便等属于隐含需求。如果不能满足,则意味着软件质量存在问题。

(3) 软件质量反映的是软件的综合特征与用户期望。影响软件的因素很多,软件质量是各种因素的复杂组合,需要综合考虑这些软件质量特性。

软件测试管理需要基于一种易于理解的质量模型,明确满足了哪些标准才能保证软件质量,并且基于这些标准对软件进行风险识别和质量评估。最常见的质量模型包括 McCall 模型、ISO 9000 标准系列以及软件成熟度模型 CMM/CMMI 等。由于软件质量因素很多,因此常采用分层的方式定义模型。

McCall 模型是由 McCall 等人于 1979 年在改进更为早期的 Boehm 质量模型的基础上提出的,如图 6-1 和表 6-1 所示。McCall 模型的价值在于对影响软件质量的众多因素

进行了归纳与分类,便于使用者从全局角度理解和控制软件质量。这一模型将 11 个主要质量因素分为软件运行特征、软件便于修改的能力、软件适应新环境的能力三个方面,这些质量因素可以作为评价标准用于度量软件质量。

图 6-1 McCall 质量模型

表 6-1 McCall 质量模型特性

正确性	在预定环境下,软件满足设计规格说明及用户预期目标的程度。它要求软件本身没有错误
可靠性	软件按照设计要求,在规定时间和条件下不出故障,持续运行的程度
效率	为了完成预定功能,软件系统所需计算机资源的多少
可使用性	对于一个软件系统,用户学习、使用软件及为程序准备输入和解释输出所需工作量的大小
完整性	为某一目的而保护数据,避免它受到偶然的或有意的破坏、改动或遗失的能力
可维护性	为满足用户新的要求,或当环境发生了变化,或运行中发现了新的错误时,对一个已投入运行的软件进行相应诊断和修改所需工作量的大小
可测试性	测试软件以确保其能够执行预定功能所需工作量的大小
灵活性	修改或改进一个已投入运行的软件所需工作量的大小
可移植性	将一个软件系统从一个计算机系统或环境移植到另一个计算机系统或环境中运行时所需工作量的大小
可复用性	一个软件(或软件的部件)能再次用于其他应用(该应用的功能与此软件或软件部件的所完成的功能有关)的程度
互连性	又称相互操作性。连接一个软件和其他系统所需工作量的大小。如果这个软件要联网或与其他系统通信或要把其他系统纳入自己的控制之下,必须有系统间的接口,使之可以联结

除了 McCall 模型外,ISO/IEC 9126 软件质量模型是一种评价软件质量的通用模型。ISO/IEC 9126 软件质量模型最初于 1991 年发布,主要面向软件质量特性和产品评价,1997 年之后经过修订提出了新的面向产品质量度量和质量模型的 ISO 9126 系列标准,这些标准描述了软件评估过程的模型,定义了 6 个质量特性和 27 个质量量子,如图 6-2 所示。

对 ISO 9126 软件质量模型的质量特性及其子特性的简要说明如下。

1. 功能性

(1) 适合性:软件产品为指定的任务和用户目标提供一组合适功能的能力。

(2) 准确性:软件提供给用户功能的精确度是否符合目标,例如运算结果的准确,数字发生偏差,多个 0 或少个 0。

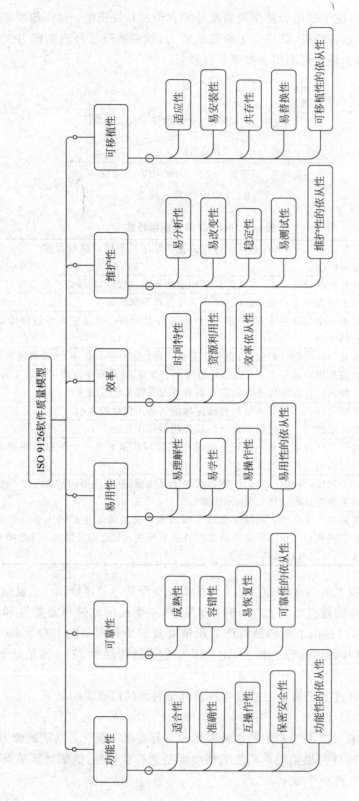

图 6-2 ISO 9126 软件质量模型

(3) 互操作性：软件与其他系统进行交互的能力，例如 PC 机中 Word 和打印机完成打印互通；接口调用。

(4) 保密安全性：软件保护信息和数据的安全能力(主要是权限和密码)。

(5) 功能性的依从性：遵循相关标准(国际标准、国内标准、行业标准、企业内部规范)。

2．可靠性

(1) 成熟性：软件产品为避免软件内部的错误扩散而导致系统失效的能力(主要是对内错误的隔离)。

(2) 容错性：软件防止外部接口错误扩散而导致系统失效的能力(主要是对外错误的隔离)。

(3) 易恢复性：系统失效后，重新恢复原有的功能和性能的能力。

(4) 可靠性的依从性：遵循相关标准。

3．易用性

(1) 易理解性：软件交互给用户的信息要清晰、准确、易懂，使用户能够快速理解软件。

(2) 易学性：软件使用户能学习其应用的能力。

(3) 易操作性：软件产品使用户能易于操作和控制它的能力。

(4) 易用性的依从性：遵循一定的标准。

4．效率

(1) 时间特性：软件处理特定的业务请求所需要的响应时间。

(2) 资源利用性：软件处理特定的业务请求所消耗的系统资源。

(3) 效率依从性：遵循一定的标准。

5．维护性

(1) 易分析性：软件提供辅助手段帮助开发人员定位缺陷产生的原因，判断出修改的地方。

(2) 易改变性：软件产品使得指定的修改容易实现的能力(降低修复问题的成本)。

(3) 稳定性：软件产品避免由于软件修改而造成意外结果的能力。

(4) 易测试性：软件提供辅助性手段帮助测试人员实现其测试意图。

(5) 维护性的依从性：遵循相关标准。

6．可移植性

(1) 适应性：软件产品无须作相应变动就能适应不同环境的能力。

(2) 易安装性：尽可能少的提供选择，方便用户直接安装。

(3) 共存性：软件产品在公共环境中与其他软件分享公共资源共存的软件(兼容性)。

(4) 易替换性：软件产品在同样的环境下，替代另一个相同用途的软件产品的能力。

(5) 可移植性的依从性：遵循相关的标准。

6.1.2 软件质量标准与管理体系

1．软件质量标准的层次

软件质量标准一般分为以下五个层次。

(1) 国际标准：由国际机构制定和公布的标准，例如国际标准化组织/国际电工委员会(ISO/IEC)、电子和电气工程师协会(IEEE)等。一些典型的软件质量国际标准如下。

① ISO/IEC 12119：对软件包的质量要求和测试细则进行了定义。

② ISO/IEC 9126：以分层方式定义了软件质量特性和子特性。

③ ISO/IEC 14598：规范了对软件产品质量特性进行评估的过程，关注的是整个软件质量评价的活动。

④ ISO/IEC SQuaRE 系列标准：通常也称 25000 系列标准，以 ISO/IEC 250mn 的方式对标准进行编号。250 代表该标准属于 ISO/IEC SQuaRE 系列标准，m 是标准所属的分部，n 是该分部中具体的标准。25000 系列标准是 ISO/IEC 9126 和 ISO/IEC 14598 的改进标准，从 2005 年起陆续发布。

(2) 国家标准：由国家机构制定或批准，只适用于本国范围内的标准，例如我国标准简称为"国标 GB"。我国通过引入国际标准和自主研制发布了一系列软件质量标准。例如，引入 ISO/IEC 14598 和 ISO/IEC 9126 国际标准，研制了《软件工程产品评价》(GB/T 18905)和《软件工程产品质量》(GB/T 16260)国家系列标准。从 ISO/IEC SQuaRE 系列标准开始，我国国家标准统一采用国际标准号 25000，并进一步制定了相应的等同标准，如《软件工程 软件产品质量要求与评价 SQuaRE 指南》(GB/T 25000.1—2010)。

(3) 行业标准：由行业协会、学术团体或国防机构制定的适用于某个业务领域的标准，例如电子和电气工程师协会(IEEE)等。需注意的是，软件项目针对的业务领域也经常会有些相关标准，例如医院信息化管理系统(HIS)标准。

(4) 企业规范：一些大型企业或公司单独或联合制定的规范，一些规范随着影响力的提升会转变为行业标准、国家标准甚至国际标准。

(5) 项目规范：专门为特定软件项目制定的操作规范。

2. 主要软件质量管理体系

当前，软件企业所采用的软件质量管理体系主要有 ISO 9000 和 CMM/CMMI。国内软件企业更为认可的质量管理体系是 CMM，通过 CMM3 或 CMM4 认证的软件企业往往具备承接国际项目的能力。

(1) ISO 9000 是质量管理系列标准，发布之初面向产品制造业，还不能适用于软件过程管理。ISO 9001 是 ISO 9000 系列标准之一，规定了设计、开发、生成、安装和服务的质量保证模式，该标准适用于所有的工程行业。为了应用于软件开发行业，ISO 专门制定出 ISO 9000-3 标准，全称为"在计算机软件开发、供应、安装和维护中的使用指南"，也就是将 ISO 9000-3 作为软件企业实施 ISO 9001 的指南。ISO 的核心内容主要包括合同评审、需求规格说明、开发计划、质量计划、设计和实现、测试和确认、验收、复制、交付安装以及维护的相关标准。

(2) CMM 是由美国卡内基梅隆大学软件工程研究所 1987 年研制成功的，是国际上最流行、最实用的软件生产过程标准和软件企业成熟度等级认证标准。CMM 是对于软件组织在定义、实施、度量、控制和改善其软件过程的实践中各个发展阶段的描述。CMM 的核心是把软件开发视为一个过程，并根据这一原则对软件开发和维护进行过程监控和研究，以使其更加科学化、标准化，使企业能够更好地实现商业目标。

CMM 将软件过程的成熟度分为以下五个等级。

① 初始级(Initial)。工作无序,项目进行过程中常放弃当初的计划。管理无章法,缺乏健全的管理制度。开发项目成效不稳定,项目成功主要依靠项目负责人的经验和能力,项目负责人一旦离去,工作秩序面目全非。

② 可重复级(Repeatable)。管理制度化,建立了基本的管理制度和规程,管理工作有章可循。初步实现标准化,开发工作比较好地按标准实施。变更依法进行,做到基线化,稳定可跟踪,新项目的计划和管理基于过去的实践经验,具有重复以前成功项目的环境和条件。

③ 已定义级(Defined)。开发过程,包括技术工作和管理工作,均已实现标准化、文档化。建立了完善的培训制度和专家评审制度,全部技术活动和管理活动均可控制,对项目进行中的过程、岗位和职责均有共同的理解。

④ 已管理级(Managed)。产品和过程已建立了定量的质量目标。开发活动中的生产率和质量是可度量的。已建立过程数据库。已实现项目产品和过程的控制。可预测过程和产品质量趋势,如预测偏差,实现及时纠正。

⑤ 优化级(Optimizing)。可集中精力改进过程,采用新技术、新方法。拥有防止出现缺陷、识别薄弱环节以及加以改进的手段。可取得过程有效性的统计数据,并进行分析,从而得出最佳方法。

6.2 软件配置管理

6.2.1 软件配置管理的作用

软件配置管理是一种标识、组织和控制软件变更的技术。软件配置管理与软件开发过程密切相关,目的是建立和维护软件产品的完整性和一致性。

实际软件测试工作中经常会碰到如下由于软件配置管理而产生的问题。

(1) 缺陷只在测试中出现,但是在开发环境中无法重现。

(2) 已经修复的缺陷在进行新版本测试时又再次出现。

(3) 程序发布前已经通过内部测试,但是发布时却出现软件运行失效的问题。

产生上述问题的主要原因是软件开发过程中涉及众多的研发阶段、软件组成部分、人员、工具、环境等因素,软件不断地被开发、测试、修改和升级。如果不能及时识别和控制软件变更并且向所有人员统一展示软件的当前状态,会造成软件开发过程的混乱。

软件配置管理的作用主要体现在以下几个方面。

(1) 支持并行开发。能够实现开发人员同时对同一个程序进行开发和修改,即使是跨地域的分布式开发也能互不干扰和协同工作,解决多个用户对同一程序进行开发和修改所引起的版本不一致问题。

(2) 资源共享。提供良好的软件资源存储和访问机制,开发人员可以共享开发资源,解决多个用户对同一文件同时修改所引起的资源冲突问题。

(3) 变更请求管理。跟踪和管理开发过程中出现的缺陷、功能变更请求或任务,加强软件研发人员之间的沟通和协作,使他们能够及时了解变更状态。

(4) 版本控制。跟踪每个软件版本变更的创造者、时间和原因,从而提高发现软件缺陷的效率。能够重视软件的任何一个历史版本。

（5）软件发布管理。软件项目经理能够及时和清晰地了解项目的当前状态，管理和计划软件的变更，与软件的发布计划和质量保证计划保持一致。

（6）软件构建管理。通过配置管理系统实现自动化的软件构建过程。

（7）软件过程控制。贯彻实施正规化的开发规范，避免过程混乱。

6.2.2 软件配置管理的重点工作

一般来说，软件配置管理包括以下五项最重要的活动。

1. 配置项识别

配置项识别就是将软件识别项按规定统一编号，将配置项划分为基线配置项和非基线配置项，并且将其存储在配置库中，以便所有人员了解每个配置项的内容和状态，为不同人员设定配置项使用权限。所有基线配置项只向开发和测试人员开放读取权限，不能随意改变。非基线配置项向项目管理人员和相关人员开放。

软件配置管理中涉及两个重要的概念，分别是配置项和基线。

（1）配置项就是配置管理的对象，软件开发过程产生的所有程序数据文档等都是软件的组成部分，都需要作为配置项进行管理，此外配置项还包括操作系统开发工具，数据库等软件环境和工具，特定版本的配置项之间需要相互匹配，以保证软件整体的一致性。

（2）基线是已经正式通过审核批准的一个配置项或一种配置项的集合，因此可以作为进一步开发的基础，并且只能通过正式的变化控制过程来改变，基线通常与项目开发过程中的里程碑相对应，经过评审批准的阶段性成果的统一标识就标志着项目的不同基线。常见的基线有需求规格说明、设计说明、特定版本的源程序测试计划等，根据使用对象的不同，基线又可以分为对内使用的软件构件基线和面向用户使用的软件发布基线。

2. 变更控制

软件开发过程中，需求、设计、程序代码、开发资源及环境等都会发生变更，变更控制就是对这些变更进行跟踪和规划，便于变更的管理和追溯，避免开发过程中的混乱。变更控制使得对配置项的任何修改都处于软件配置管理系统的控制之下，并且保障配置项在任何情况下都能恢复到任一历史状态。典型情况下的变更控制流程如图6-3所示。

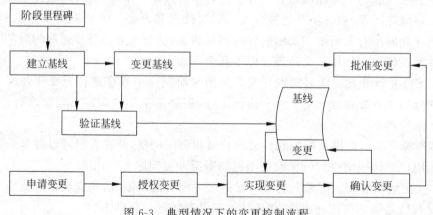

图 6-3 典型情况下的变更控制流程

3. 版本管理

版本管理包括对文档、程序等配置项的各种版本进行的存储、登记、索引、权限分配的一系列管理活动,目的是按照一定的命名规则保存配置项的所有版本,避免发生版本丢失或混乱,并且确保能快速和准确地查找到特定版本下的配置项。版本管理通过加锁等方法控制对软件资源的存取,保证多人同时开发软件时自身内容的一致性。

对于软件测试而言,需要在报告缺陷的时候提供发现缺陷的具体版本,在缺陷分析时,利用版本号来区别缺陷和判断缺陷的发展趋势。软件版本说明是开发人员和测试人员之间交流的有效形式,测试人员可以通过版本说明确定当前的测试版本相对于上一版本有哪些显著变化,从而有针对地进行测试。

测试人员是软件产品整体质量的把关人员,软件版本的更新和发布经常被纳入测试人员的控制之下。同时,测试人员控制软件版本也可以提高测试效率,避免不必要的版本更新以及由此造成的频繁回归测试。

4. 配置状态报告

根据配置库中的记录,通过 Case 工具可以生成不同的配置状态报告,例如配置项的状态、基线之间的差别描述、变更日志、变更结果记录等。配置状态报告着重反映了当前基线配置项的状态,同时也反映了变更对软件项目进展的影响,可以作为项目进度管理的参考依据。

5. 配置审计

配置审计是变更控制的补充手段,用于保证变更已被正确实现,包括以下内容。

(1) 评估基线的完整性,确认所有配置项已入库保存。
(2) 检查配置记录是否正确反映了配置项的配置情况。
(3) 审核配置项的结构完整性。
(4) 对配置项进行技术评审,防止不完善的软件实现。
(5) 验证配置项的正确性、完备性和一致性。
(6) 验证软件是否符合配置管理标准和规范。
(7) 确认记录和文档保持可追溯性。

6.2.3 软件配置管理的流程

软件配置管理的流程如图 6-4 所示。

1. 制订配置管理计划

软件项目开始时首先需要制订整个项目的开发计划,用于规划整体软件研发的具体工作。项目开发计划完成之后就需要制订配置管理计划。

如果没有在项目开发之初就制订配置管理计划,那么就无法及时和有序地完成软件配置的许多关键活动,必然导致软件开发过程的混乱。因此,及时制订配置管理计划是整个软件项目成功的重要保证。配置管理计划的主要内容是制订配置管理策略、确定变更控制策略并对计划内容进行评审。

制订配置管理计划的主要工作如下。

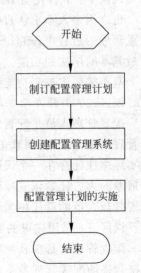

图 6-4 软件配置管理的流程

(1) 配置控制委员会(CCB)根据项目开发计划确定软件各阶段的里程碑和开发策略。

(2) 配置管理员(CMO)根据 CCB 的规划,制订详细的配置管理计划,交给 CCB 审核。

(3) 配置管理计划经 CCB 审核通过后,交项目经理批准和发布实施。

2. 创建配置管理系统

创建配置管理系统的主要工作包括确定软件和硬件环境、安装配置管理工具,建立配置管理库、存储在配置管理计划中已经定义好的配置项,设定配置项的使用权限。

3. 配置管理计划的实施

配置管理计划的实施由软件项目相关人员完成,主要包括标识配置项、建立基线、生成配置状态报告、配置审计和变更控制管理。

执行阶段的配置管理活动主要分为以下三个方面。

(1) 由配置管理员,完成配置库的日常管理和维护工作。

(2) 由开发和测试人员具体执行配置管理策略。

(3) 软件项目人员按照规定完成变更控制。

上述三个方面的工作既相对独立又相互联系,执行流程如下。

(1) 配置管理委员会负责设定研发活动的初始基线。

(2) 配置管理员根据配置计划设定配置库和工作空间,为执行软件配置管理做好准备。

(3) 开发和测试人员按照统一的配置管理策略,对授权的软件资源进行开发和测试。

(4) 配置控制委员会在软件开发过程中审核各种变更请求,并适时地设立新的基线,保证开发、测试和维护工作的有序进行。

6.2.4 软件配置管理的误区

误区一:软件配置管理就是解决软件版本控制的问题。

也许很多人不承认自己对于软件配置管理的理解局限在版本控制上,但在具体实施配置管理的过程中,却只见版本控制,而不见真正的配置管理。其实版本控制只是配置管理最基本的层次和功能。当然只有进行了版本控制,其他的功能才可能会逐渐提升,但就一个基本的版本控制功能而言,在部分软件公司中也并不是一个非常正规和完善的过程。

误区二:由开发水平最差的人员担任配置管理员。

配置管理人员是配置管理具体实施的人。公司制定了配置管理的流程和规章只是配置管理实施的基础,而真正配置管理能否实施,能否有效,关键在于从事配置管理的人员。但实际中往往存在一个误区是:在选择配置管理人员的时候,会寻找开发团队中编码水平最差的人。比如张三写代码不行,测试也不行,那就只好去从事配置管理的工作。其实配置管理人员的责任相当重大,一个团队所有的代码、文档都由其负责。

误区三:采用先进的配置管理工具,就能完成有效的配置管理。

配置管理工具在软件配置管理中起着不可替代的作用。没有工具的支持,实施一个完整合格的配置管理是不可想象的。也许正是因为工具的重要性,造成了很多软件公司对工具的迷信,以为只要部署了配置管理工具,尤其是专业商业工具,就以为建立了配置管理体系。使用好的工具并不能代表就能实施好配置管理。因为工具就是工具,工具不能代替管理。否则为什么总是说配置"管理"而不是配置"工具"呢?一个成功的配置管理工具实施,需要两个方面的条件:一是规范的软件开发流程;二是合格的配置管理参与人员,这里的配置管理参与人员包括了配置管理员、开发人员、项目经理等。无论怎么样,没有流程和规范地使用工具,那么再强的工具也无法发挥作用。

6.3 测试结束的原则

软件测试受到软件项目交付时间以及测试成本的约束,最终需要停止,何时可以结束测试就是测试管理需要面对的问题,结束测试的时间点需要根据具体软件项目和测试任务的特定点来判断,可以参考以下一些原则。

1. 基于"测试阶段"的原则

每个软件的测试一般都要经过单元测试、集成测试、系统测试这几个阶段,可以分别对单元测试、集成测试和系统测试制定详细的测试结束点。每个测试阶段符合结束标准后,再进行后面一个阶段的测试。例如单元测试,要求测试结束点必须满足"核心代码100%经过 Code Review""功能覆盖率达到100%""代码行覆盖率不低于80%""不存在A、B类缺陷""所有发现缺陷至少60%都纳入缺陷追踪系统且各级缺陷修复率达到标准"等标准。集成测试和系统测试的结束点也应这样制定。

2. 基于"测试用例"的原则

测试设计人员设计完测试用例,并邀请项目组成员参与评审,测试用例一旦通过评审,后面测试时,就可以作为测试结束的一个参考标准。比如在测试过程中,如果发现测试用例通过率太低,可以拒绝继续测试,待开发人员修复后再继续。在功能测试用例通过率达到100%,非功能性测试用例通过率达到95%以上,允许正常结束测试。使用该原则作测试结束点时,把握好测试用例的质量,非常关键。

3. 基于"缺陷收敛趋势"的原则

在软件测试的生命周期中,随着测试时间的推移,测试发现的缺陷图线,首先成逐渐上升趋势,然后测试到一定阶段,缺陷又呈下降趋势,直到发现的缺陷几乎为零或者很难发现缺陷为止。可以通过缺陷的趋势图线的走向,来决定测试是否可以结束。这个原则对迭代测试版本控制有较高的要求,如不建议超过5次迭代,否则在时间上会得不偿失。

4. 基于"缺陷修复率"的原则

软件缺陷在测试生命周期中被分成五个严重等级:致命级、严重级、主要、较小和测试建议。在确定测试结束点时,严重缺陷和致命缺陷的缺陷修复率必须达到100%;主要缺陷和较小缺陷的缺陷修复率必须达到85%以上,允许存在少量功能缺陷,可在后面版本解决;测试建议的缺陷修复率最好达到50%以上。该原则的使用,按具体公司具体项目的实际情况而定。比如测试建议,有的公司(或项目)相当重视,可能会有较高修复率的要求,而一些公司(或项目)可能不会做要求。在缺陷等级的划分上,各公司的划分也不尽相同。

5. 基于"验收测试"的原则

很多公司都是做项目软件,如果要确定测试结束点,最好测试到一定阶段,达到或接近测试部门指定的标准后,就递交用户做验收测试。如果通过用户的测试验收,就可以立即终止测试部门的测试;如果客户验收测试时,发现了部分缺陷,就可以针对性的修改缺陷,验证通过后递交客户,相应测试也可以结束。此原则适用于非自主性开发项目,或有明确客户的项目。

6. 基于"覆盖率"的原则

对于测试"覆盖率"的原则,只要测试用例的"覆盖率"覆盖了客户提出的全部软件需求,包括行业隐性需求、功能需求和性能需求等,测试用例执行的覆盖率达到100%,测试基本可以结束。如果非要看测试用例的执行效果,检查是否有用例被漏执行的情况,可以对常用的功能进行"抽样测试"和"随机测试"。对于覆盖率,在单元测试、集成测试和系统测试,每个阶段都不能忽略。

7. 基于"项目计划"的原则

大多数情况下,每个项目从开始就要编写开发和测试的计划,相应地在测试计划中也会对应每个里程碑,对测试进度和测试结束点做一定限制,一般来说都要和项目组成员(开发、管理、测试、市场、销售人员)达成共识,团队集体同意后制定一个标准结束点。如果项目的某个环节延迟了,测试时间就相应缩短。大多数情况下是所有规定的测试内容和回归测试都已经运行完成,就可以作为一个结束点。很多不规范的软件公司,都把项目计划作为一个测试结束点。如果把它作为一个结束点,测试风险较大,软件质量很难得到保证。此种情况,建议遵循80/20定律,优先级较高的功能模块测试覆盖率应尽量达到100%。

8. 基于"缺陷度量"的原则

可以对已经发现的缺陷,运用常用的缺陷分析技术和缺陷分析工具,用图表统计出来,方便查阅,分时间段对缺陷进行度量。可以把"测试期缺陷密度"和"运行期缺陷密度"作为一个结束点。最合适的测试结束的准则应该是"缺陷数控制在一个可以接受的范围内"。例如,一万行代码最多允许存在多少个什么严重等级的错误,这样比较好量化,比较好实施。

9. 基于"质量成本"的原则

一个软件通常要从"质量、成本、进度"三方面取得平衡后就停止测试。至于这三方面哪一项占主要地位,要根据软件来决定。如航天航空软件,质量就更重要,就算测试费用高、推迟一下进度,也要保证较高质量以后才能终止测试,发布版本。如果是一般的常用软件,由于利益和市场的原因,哪怕有缺陷,也必须先推出产品。通常最主要的参考依据是:"找缺陷耗费的代价和这个缺陷可能导致的损失做一个权衡"。具体操作的时候,可以根据公司实际情况来定义什么样的情况是"测试花费的代价最划算、最合理",同时保证公司利益最大化。如果找缺陷的成本比用户发现缺陷的成本还高,也可以终止测试。

10. 基于"测试行业经验"的原则

很多情况下,测试行业的一些经验,也可以为测试提供借鉴。比如测试人员对行业业务的熟悉程度,测试人员的工作能力,测试的工作效率等都会影响到整个测试计划的执行。如果一个测试团队中,每个人都没有项目行业经验、数据积累,那么测试质量也不会很高。因此,测试者的经验对确认测试执行和结束点也会起到关键性的作用。

小结

软件测试管理是整个软件项目管理的重要组成部分,以保证软件质量为目标,与软件研发过程密切相关。同时,软件测试管理又具有自身的独立性和特殊性,需要通过独立的测试组织,运用专门的测试理论、技术、方法和工具,对测试工作进行分析、计划、组织与实施。

习题

1. 简述软件质量标准的五个层次。
2. 简述你所了解的主要软件质量管理系统,分别说明他们的特点。
3. 什么是软件配置管理?软件配置管理的作用是什么?
4. 软件配置管理经常存在的认识误区是什么?
5. 软件配置管理都包含哪些主要活动?
6. 结束测试的准则有哪些?

第 7 章

软件测试职业

 本章概要

- 阐述了软件测试职业和职位；
- 介绍了获取软件测试资源的途径；
- 论述了软件测试工程师的素质要求。

7.1 软件测试职业和职位

软件测试工作随着软件产品开发的发展所起的作用越来越重要，这是软件行业二十几年的实践证明的一个道理。

以微软公司为例，微软以前的产品经常会发生崩溃、死机等现象，而今天的产品比 5 年前的产品功能更强大，稳定性却更好。这是因为微软公司重视测试工作，测试人员越来越多，如今微软的软件测试人员是开发人员的 1.5~2.5 倍。另外，测试人员越来越有经验，测试工作也越做越好。正是由于微软清晰地认识到软件测试的重要性，微软的产品质量才有了明显的提高。

最初，微软公司认为测试不重要，重要的是开发人员。通常一个团队中有几百个开发人员，但只有几个测试人员，并且开发人员的待遇要比测试人员的待遇好很多。经过多年的实践，微软公司发现，去修正那些出现问题的产品所花费的费用，比多聘用几个测试人员的费用要多得多，所以，微软公司开始不断地聘用测试人员。

当前，中国的软件业迅速发展，正处在向国际软件产业市场迈进的进程中，在软件开发过程越来越工程化的规范下，对软件测试的重视程度得到空前的提高，软件开发过程对专业测试人员的需求也在不断增加。目前国内专业化的软件测试人员无论从数量上还是质量上都存在明显不足。

因此，给从事软件测试工作的人员带来许多就业机会。当前软件测试技术职业市场表明，具有一定测试经验的软件测试工程师很受市场青睐，供不应求。目前，软件测试工作越来越受到重视，测试人员的待遇和开发人员的待遇非常接近。

软件开发时，首先要组建一个开发团队，要决定这个团队应该有多少人参加，需要有

什么技术的人员参加，项目经理是谁，多少个开发人员？多少个测试人员？多少个程序经理？解决好这些问题，开发团队就基本建立起来了。

7.1.1 测试团队的基本构成

测试团队的构成，从理论上说，和其规模没有太大关系，也就是人们常说的"麻雀虽小，五脏俱全"。如果项目很小，测试小组就一个人，那么这个人就要扮演不同的角色。一般来看，一个比较健全的测试部门应该具有下面这些角色。

（1）测试经理：负责人员招聘、培训、管理，资源调配、测试方法改进等。

（2）实验室管理人员：设置、配置和维护实验室的测试环境，主要是服务器和网络环境等。

（3）内审员：审查流程，并提出改进流程的建议；建立测试文档所需的各种模板，检查软件缺陷描述及其他测试报告的质量等。

（4）测试组长：业务专家，负责项目的管理，测试计划的制订，项目文档的审查，测试用例的设计和审查，任务的安排，和项目经理、开发组长的沟通等。

（5）一般（初级）测试工程师：执行测试用例和相关的测试任务。

对于规模较大的测试团队，测试工程师分为三个层次：初级测试工程师、测试工程师、资深（高级）测试工程师，同时还设立自动化测试工程师、系统测试工程师和架构工程师。

对于规模很小的测试小组，可能没有设置测试经理，只有测试组长，这时测试组长承担测试经理的部分责任，如参加面试工作、资源管理、团队发展等，并且要做内审员的工作，检查软件缺陷描述及其他测试报告的质量等。资深测试工程师不仅要负责设计规格说明书的审查、测试用例的设计等，还要设置测试环境，即承担实验室管理人员的责任。

7.1.2 测试人员职位及其责任

为了更好地理解团队中每位成员所起的作用，就需要清楚不同的角色所应该承担的责任。

本节先从初级测试工程师开始，再介绍资深测试工程师，最后介绍测试经理的责任。这个过程有利于读者理解他们的责任，测试工程师虽然和初级测试工程师责任不一样，但测试工程师能做好所有要求初级测试工程师做好的工作。

不同层次测试工程师的责任有一定的区别，但他们的工作都是技术工作，主要任务是设计和执行各种测试任务，是测试工作的基础。

下面对软件测试各职位及其责任做详细的介绍。

1. 初级测试工程师

初级测试工程师的责任比较简单，还不具备完全独立的工作能力，需要测试工程师或资深测试工程师的指导，主要有下列七项责任。

（1）了解和熟悉产品的功能、特性等。

（2）验证产品在功能、界面上是否和产品规格说明书一致。

（3）按照要求，执行测试用例，进行功能测试、验收测试等，并能发现所暴露的问题。

（4）能够清楚地描述所出现的软件问题。

(5) 努力学习新技术和软件工程方法,不断提高自己的专业水平。
(6) 可以使用简单的测试工具。
(7) 接受测试工程师的指导,执行主管所交代的其他工作。

2. 测试工程师

测试工程师的责任相对多一些,需要熟悉测试流程、测试方法和技术,参与自动化测试,具有独立的工作能力,但基本以执行测试为主,测试工程师的主要责任如下。
(1) 熟悉产品的功能、特性,审查产品规格说明书。
(2) 根据需求文档或设计文档,可以设计功能方面的测试用例。
(3) 根据测试用例,执行各种测试,发现所暴露的问题。
(4) 全面使用测试工具,包括测试脚本的编写。
(5) 安装、设置简单的系统测试环境。
(6) 报告所发现的软件缺陷,审查软件缺陷,跟踪缺陷修改的情况,直到缺陷关闭。
(7) 撰写测试报告。
(8) 负责对初级测试工程师的指导,执行主管所交代的其他工作。

3. 资深测试工程师

资深测试工程师不仅具有良好的技术、产品分析能力、解决问题能力、丰富的测试工作经验,而且有较好的编程、自动化测试经验,熟悉测试流程、测试方法和技术,解决测试经理工作中可能遇到的各种技术问题。资深测试工程师的主要责任如下。
(1) 负责系统一个或多个模块的测试工作。
(2) 制订某个模块或某个阶段的测试计划、测试策略。
(3) 设计测试环境所需的系统或网络结构,安装、设置复杂的系统测试环境。
(4) 熟悉产品的功能、特性,审查产品规格说明书,并提出改进要求。
(5) 审查代码。
(6) 验证产品是否满足了规格说明书所描述的需求。
(7) 根据需求文档或设计文档,设计复杂的测试用例。
(8) 负责对测试工程师的指导,执行主管所交代的其他工作。

4. 测试实验室管理员

测试实验室管理员主要负责建立、设置和维护测试环境,保证测试环境的稳定运行,其主要责任如下。
(1) 负责测试环境所需的网络规划和建设,维护网络的正常运行。
(2) 建立、设置和维护测试环境所需的应用服务器和软件平台。
(3) 申请所需的新的硬件资源、软件资源,协助有关部门进行采购、验收。
(4) 对使用实验室的硬件、软件资源的权限进行设计、设置,保证其安全性。
(5) 安装新的测试平台、被测试系统等。
(6) 优化测试环境,提高测试环境中网络、服务器和其他设备运行的性能。

5. 软件包构建或发布工程师

发布工程师在 QA(Qualify Assurance,质量保证)工作中起着很重要的作用,负责测试产品的上载、打包和发布,其主要责任如下。

(1) 负责源程序代码管理系统的建立、管理和维护。
(2) 文件名定义规范,建立合理的程序文件结构和存储目录结构。
(3) 为程序的编译、连接等软件包构造建立自动处理文件。
(4) 保证测试最新的产品包上载到相应的服务器上,并确认各模块或组件之间相互匹配。
(5) 每天为各项目新的或修改的代码重新构造新的软件包,确保不含病毒,不缺图片和各种文件。
(6) 软件包的接收、发送、存储和备份等。

6. 测试组长

测试组长一般具备资深测试工程师的能力和经验,可能在技术上相对弱些,不是小组内最强的,其责任偏重测试项目的计划、跟踪和管理,同时负责测试小组团队的管理和发展,其主要责任如下。
(1) 测试小组的管理或参与测试团队的管理。
(2) 负责一个独立的测试项目。
(3) 制订整个项目的测试计划、测试策略,包括风险评估、日程表安排等。
(4) 熟悉产品的功能、特性,审查产品规格说明书,并提出改进意见。
(5) 审查系统、程序设计说明书。
(6) 验证产品是否满足了规格说明书所描述的需求。
(7) 实施软件测试,并对软件问题进行跟踪分析和报告,推动测试中发现的问题及时合理地解决。
(8) 编写项目的整体测试报告,保证产品质量。
(9) 对竞争者的产品进行分析,提出对软件进一步改进的要求,并且评估改进方案是否合理。
(10) 负责测试项目内部的资源、任务安排。
(11) 监督测试流程的执行,并将执行过程中所发现的问题反馈给测试经理或项目经理。
(12) 为团队成员提供技术指导,协助主管或测试经理工作。

7. 测试经理

测试经理的主要工作在团队、资源和项目等的管理上,不同于测试组长。测试组长的工作主要集中在项目管理上,一般不负责测试人员的招聘、流程定义等管理工作,而且偏重技术。测试经理对产品的质量负全面责任,有责任向公司最高管理层反映软件开发过程中的管理问题或产品中的质量问题,使公司能全面掌握生产和质量状况,其主要责任如下。
(1) 负责整个测试团队或部门的管理,包括测试岗位责任的定义、组织团队结构的建立和优化,团队的建设和发展,培训活动的组织,员工的激励等。
(2) 负责一个完整产品的软件测试和质量保证等工作,包括项目组长的指定、项目资源的安排、项目进度的跟踪、项目审查和总结等。
(3) 测试部门年度/季度计划的制订、预算的编写、实施和评估。

(4) 促进质量文化的普及,使整个开发团队的每位成员都有正确的客户和质量观念。

(5) 协助人力资源部门进行测试人员的招聘、考核等方面的工作。

(6) 定义、实施软件测试流程或整个开发周期流程,并收集、处理流程实施中所存在的问题,最终不断改进流程。

(7) 审查项目的测试计划、测试策略等,包括资源调度和平衡、风险评估等。

(8) 和其他部门协调,参加多方会议解决产品规格说明、设计等问题。

(9) 审查系统、程序设计说明书。

(10) 实施软件测试,并对软件问题进行跟踪分析和报告,推动测试中发现问题及时合理地解决。

(11) 审查项目的测试报告,进行产品质量的分析,提交质量分析报告。

(12) 对竞争者产品进行分析,提出对软件进一步改进的要求,并且评估改进方案是否合理。

7.2 软件测试资源的获取途径

软件测试工作随着软件产品开发的规范化、工程化已经越来越受到重视。要使软件产品质量得到保证,并能在市场竞争中获胜,软件测试尤为重要。要想获得快捷可靠的软件测试资源,一般可以从正规的培训会议,相关的网站及从事软件测试的专业组织这三种途径中获取。

7.2.1 正规的培训会议

一般获取软件测试资源的途径是参加正规的培训会议。美国及世界各国一年之中都会召开类似的会议,这些会议为软件测试人员提供了良好的获取资源的机会,会议资料包括最基础的软件测试及技术含量极高的新技术。它提供了软件测试的同行进行面对面的交流机会,讨论解决的相关方案及策略。一般比较规范的会议有以下几个。

(1) 国际软件测试会议:由美国质量保证学会主办,由来自软件测试和质量保证行业的专家进行讲授。

(2) 软件测试分析和评审:由软件质量工程学会主办,会议讨论的焦点主要集中在软件测试和软件工程方面。

(3) 软件质量国际会议:由美国质量协会软件分会主办,也提供从事软件测试和质量保证人士交流的机会。

(4) 软件测试国际会议:由软件质量系统主办,是关于软件测试方面的演示、指导、讨论和经验交流的会议。

(5) 软件质量世界会议:由国际软件质量协会主办,它是由学术及产业两个方面的顶尖专家组成,交流软件质量、软件过程改进及软件开发等方面的见解及经验。

7.2.2 相关的网络

因特网上拥有关于软件测试的丰富信息。虽然在因特网上搜索 software testing 或者 software test 总可以找到一些资料,但是下列网站可以作为软件测试学习的入门向导。

(1) http://www.51testing.com/，列出了许多与软件测试相关的文章链接。

(2) http://www.mtsu.edu(Software Testing Online Resources)，一系列软件测试联机资源，旨在成为软件测试研究者和从业者的门户网站。

7.2.3 从事软件测试的专业组织

从事软件测试和软件质量保证的一些非商业性的组织，也是获取软件测试资源的一种途径，他们的网站提供了其专业范围内的详细信息。

(1) 美国软件测试协会：一个非营利性专业服务组织，专注于软件测试理论和实践的推动。他们的文档提供了软件测试的丰富信息—强调实践而不是理论。

(2) 美国质量委员会：发表软件质量方面的刊物和文章，并管理认证质量工程师和认证软件质量工程师的任命。

(3) 美国计算机协会：已拥有教育和科学计算方面的80000多个会员。

(4) 软件质量委员会：其目标是成为那些志在把提高质量作为软件通用目标的人们的协会。

7.3 软件测试工程师的素质要求

软件测试是一项复杂而艰巨的任务，软件测试工程师的目标是尽早发现软件缺陷，以便降低修复成本。软件测试员是用户的眼睛，是最早看到并使用软件的人，所以应当站在用户的角度，代表用户说话，及时发现问题，力求使软件功能趋于完善。

很多比较成熟的软件公司都把软件测试视为高级技术职位。软件测试员的工作与程序员的工作对软件开发所起的作用相当。虽然软件测试员不一定是一个优秀的程序员，但是作为一个出色的软件测试员应当具备丰富的编程知识，掌握软件编程的基础内容，了解软件编程的过程，对出色完成软件测试任务具有很大帮助。

通常软件测试工程师应具备如下素质。

1. 具有较强的沟通能力

优秀的测试工程师必须能够同测试涉及的所有人进行沟通，具有与技术和非技术人员的交流能力。既要可以和用户谈得来，又能同开发人员说得上话。和用户谈话的重点必须放在系统可以正确地处理什么和不可以处理什么上，尽量不使用专业术语。而和开发者交流时，尽量要使用专业术语，对用户反馈的相同信息，测试人员必须重新组织，以另一种方式表达出来，测试小组的成员必须能够同等地同用户和开发者沟通。

2. 掌握比较全面的技术

就总体而言，开发人员对那些不懂技术的人持一种轻视的态度。一旦测试小组的某个成员做出了一个比较明显的错误断定，可能会被夸张地到处传扬，那么测试小组的可信度就会受到影响，其他正确的测试结果也会受到质疑。再者，由于软件错误通常依赖技术，或者至少受构造系统所使用的技术的影响，所以测试人员需掌握编程语言、系统构架、操作系统的特性、网络、表示层、数据库的功能和操作等知识，应该了解系统是怎样构成的，明白被测试软件系统的概念、技术，要建立测试环境、编写测试脚本，也要会使用软件工程工具。要做到这些，测试人员需要有几年以上的编程经验及对技术和应用领域的深刻理解。

3. 做优秀的外交家

优秀的测试人员必须能够同测试涉及的所有人进行良好的沟通。机智和适当的外交手法有助于维护与开发人员的协作关系,幽默感同样也很有帮助。

测试人员应该把精力集中在查找错误上,而不是放在找出是开发小组中哪个成员引入的错误。这样可以保证测试的否定性结果只是针对产品,而不是针对编程人员,也就是要使用一种公正和公平的方式指出具体错误,这对测试工作是有益的。一般来说,武断地对产品进行攻击是错误的。在遇到开发人员不愿意承认产品有问题的情况下,一个幽默的批评将很有帮助。

4. 具有挑战精神

优秀的测试工程师在开发测试用例时使用的方法,与勘探专家在一个山洞中摸索前进的方法一样。虽然周围可能存在大量死路,但是测试工程师要具有挑战性,这会促使他们向山洞中的深处探索,向一切没有去过的地方前进,最终可能会有一个大的发现。

5. 具有准确的判断力

一个好的测试工程师具有一种先天的敏感性及准确的判断力,并且还能尝试通过一些巧妙的变化去发现问题。同时,测试工程师还具有强烈的质量追求,对细节的关注能力,识别高风险区的判断力以便将有限的测试针对重点环节。

6. 做故障排除家

开发人员会尽他们最大的努力解释所有的错误,测试人员需要聆听每个人的解释,但必须保持高度警惕和怀疑一切的精神,直到自己做出分析结果或亲自测试之后,才能做出决定。测试工程师需具有自我督促能力,才能保证每天的工作都能高质量完成,要善于发现问题的症结并及时清除。

7. 要有充分的自信心和耐心

开发人员指责测试人员出错是经常发生的事情,测试人员必须对自己的观点有足够的自信心,对自己发现的缺陷有信心。如果测试人员没有信心或受开发人员影响过大,测试工作就缺乏独立性,程序中的漏洞或缺陷容易被忽略,就谈不上保证软件产品的质量。

软件产品设计规格说明书总是或多或少存在一些逻辑问题,编程人员和测试人员对那些有问题的功能存在争议,这时候信心会帮助测试人员发现产品设计中的问题。

有些软件测试工作需要难以置信的耐心。有时需要花费惊人的时间去分离、识别一个错误,需要对其中的一个测试用例运行几十遍甚至几百遍,了解错误在什么情况、什么平台下才发生。测试人员需要保持平静,尤其是在集中注意力解决困难问题的时候,特别是在测试执行阶段,面对成百上千个测试用例,要一个一个去执行,还要在不同的测试环境上重复,耐心非常重要。现实中,应当尽量让测试工具去完成那些重复性的任务。

小结

本章介绍了软件测试职业的相关内容,阐述了软件测试职业和职位及软件测试资源的获取途径,以及软件测试工程师的基本素质要求。软件测试是一项批判性的工作,随着当今软件规模和复杂性的日益增加，企业对进行专业化、高效的软件测试要求也越来越高，从事软件测试人员的数量在增加、测试人员的水平在提高。只有明确了软件测试工程师的目标及应具备的素质，才能做一个优秀的软件测试人员。同时，也为从事软件工作的人员提供了一个新的职业发展机会。

习题

1. 简述软件测试资源的获取途径。
2. 简述软件测试工程师应具备的素质。
3. 软件测试员的目标是什么？
4. 谈谈你对今后从事软件职业的打算。

第3部分

软件测试实战

本部分概要

第 8 章　黑盒测试实例设计
第 9 章　白盒测试实例设计
第 10 章　Web 测试
第 11 章　Rational 测试工具及实例分析

第 8 章

黑盒测试实例设计

本章概要

- 等价类划分法；
- 边界值分析法；
- 决策表法；
- 因果图法；
- 错误推测法；
- 黑盒测试综合用例。

8.1 等价类划分法

8.1.1 等价类划分法概述

等价类划分法是黑盒测试用例设计中一种常用的设计方法，它将不能穷举的测试过程进行合理分类，从而保证设计出来的测试用例具有完整性和代表性。

等价类划分法是把所有可能的输入数据，即程序的输入域划分成若干部分(子集)，然后从每一个子集中选取少数具有代表性的数据作为测试用例。所谓等价类是指输入域的某个子集合，所有等价类的并集就是整个输入域。在等价类中，各个输入数据对于揭露程序中的错误都是等效的，它们具有等价特性。因此，测试某个等价类的代表值就等价于对这一类中其他值的测试。也就是说，如果某一类中的一个例子发现了错误，这一等价类中的其他例子也能发现同样的错误；反之，如果某一类中的一个例子没有发现错误，则这一类中的其他例子也不会出现错误。

软件不能只接收合理有效的数据，也要具有处理异常数据的功能，这样的测试才能确保软件具有更高的可靠性。因此，在划分等价类的过程中，不但要考虑有效等价类划分，同时也要考虑无效等价类划分。

有效等价类是指对软件规格说明来说，合理、有意义的输入数据所构成的集合。利用有效等价类可以检验程序是否满足规格说明所规定的功能和性能。

无效等价类则和有效等价类相反，即不满足程序输入要求或者无效的输入数据所构成的集合。利用无效等价类可以检验程序异常情况的处理能力。

使用等价类划分法设计测试用例,首先必须在分析需求规格说明的基础上划分等价类,然后列出等价类表。

以下是划分等价类的几个原则。

(1) 如果规定了输入条件的取值范围或者个数,则可以确定一个有效等价类和两个无效等价类。例如,程序要求输入的数值是从 10～20 的整数,则有效等价类为"大于等于 10 而小于等于 20 的整数",两个无效等价类为"小于 10 的整数"和"大于 20 的整数"。

(2) 如果规定了输入值的集合,则可以确定一个有效等价类和一个无效等价类。例如,程序要进行平方根函数的运算,则"大于等于 0 的数"为有效等价类,"小于 0 的数"为无效等价类。

(3) 如果规定了输入数据的一组值,并且程序要对每一个输入值分别进行处理,则可为每一个值确定一个有效等价类,此外根据这组值确定一个无效等价类,即所有不允许的输入值的集合。例如,程序规定某个输入条件 x 的取值只能为集合 $\{1,3,5,7\}$ 中的某一个,则有效等价类为 $x=1, x=3, x=5, x=7$,程序对这 4 个数值分别进行处理,无效等价类为 $x \neq 1, x \neq 3, x \neq 5, x \neq 7$ 的值的集合。

(4) 如果规定了输入数据必须遵守的规则,则可以确定一个有效等价类和若干个无效等价类。例如,程序中某个输入条件规定必须为 4 位数字,则可划分一个有效等价类为输入数据为 4 位数字,3 个无效等价类分别为输入数据中含有非数字字符、输入数据少于 4 位数字、输入数据多于 4 位数字。

(5) 如果已知的等价类中各个元素在程序中的处理方式不同,则应将该等价类进一步划分成更小的等价类。

在确立了等价类之后,建立等价类表,列出所有划分出的等价类,如表 8-1 所示。

表 8-1 等价类表

输入条件	有效等价类	无效等价类

再根据已列出的等价类表,按以下步骤确定测试用例。

(1) 为每一个等价类规定一个唯一的编号。

(2) 设计一个新的测试用例,使其尽可能多地覆盖尚未被覆盖的有效等价类,重复这个过程,直至所有的有效等价类均被测试用例所覆盖。

(3) 设计一个新的测试用例,使其仅覆盖一个无效等价类,重复这个过程,直至所有的无效等价类均被测试用例所覆盖。

以三角形问题为例,输入条件如下。

(1) 三个数,分别作为三角形的三条边。

(2) 都是整数。

(3) 取值范围为 1~100。

认真分析上述的输入条件,可以得出相关的等价类表(包括有效等价类和无效等价类),如表 8-2 所示。

表 8-2 三角形问题的等价类

输入条件	等价类编号	有效等价类	等价类编号	无效等价类
三个数	1	三个数	4	只有一条边
			5	只有两条边
			6	多于三条边
整数	2	整数	7	一边为非整数
			8	两边为非整数
			9	三边为非整数
取值范围为 1~100	3	$1 \leqslant a \leqslant 100$ $1 \leqslant b \leqslant 100$ $1 \leqslant c \leqslant 100$	10	一边为 0
			11	两边为 0
			12	三边为 0
			13	一边小于 0
			14	两边小于 0
			15	三边小于 0
			16	一边大于 100
			17	两边大于 100
			18	三边大于 100

8.1.2 常见等价类划分形式

针对是否对无效数据进行测试,可以将等价类测试分为标准等价类测试、健壮等价类测试以及对等区间的划分。

1. 标准等价类测试

标准等价类测试不考虑无效数据值,测试用例使用每个等价类中的一个值。通常,标准等价类测试用例的数量和最大等价类中元素的数目相等。

以三角形问题为例,要求输入三个整数 a、b、c,分别作为三角形的三条边,取值范围为 1~100,判断由三条边构成的三角形类型为等边三角形、等腰三角形、一般三角形(包括直角三角形)以及非三角形。在多数情况下,是从输入域划分等价类,但对于三角形问题,从输出域来定义等价类是最简单的划分方法。

因此,利用这些信息可以确定下列值域等价类。

$R_1 = \{<a,b,c>:$ 边为 a,b,c 的等边三角形$\}$

$R_2 = \{<a,b,c>:$ 边为 a,b,c 的等腰三角形$\}$

$R_3 = \{<a,b,c>:$ 边为 a,b,c 的一般三角形$\}$

$R_4 = \{<a,b,c>:$ 边为 a,b,c 不构成三角形$\}$

4 个标准等价类测试用例如表 8-3 所示。

表 8-3　三角形问题的标准等价类测试用例

测试用例	a	b	c	预 期 输 出
Test Case 1	10	10	10	等边三角形
Test Case 2	10	10	5	等腰三角形
Test Case 3	3	4	5	一般三角形
Test Case 4	1	1	5	不构成三角形

2．健壮等价类测试

健壮等价类测试主要的出发点是考虑了无效等价类。

对有效输入，测试用例从每个有效等价类中取一个值；对无效输入，一个测试用例有一个无效值，其他值均取有效值。

健壮等价类测试存在以下两个问题。

（1）需要花费精力定义无效测试用例的期望输出。

（2）对强类型的语言没有必要考虑无效的输入。

对于上述三角形问题，取 a、b、c 的无效值产生了 7 个健壮等价类测试用例，如表 8-4 所示。

表 8-4　三角形问题的健壮等价类测试用例

测试用例	a	b	c	预 期 输 出
Test Case 1	3	4	5	一般三角形
Test Case 2	−3	4	5	a 值不在允许的范围内
Test Case 3	3	−4	5	b 值不在允许的范围内
Test Case 4	3	4	−5	c 值不在允许的范围内
Test Case 5	101	4	5	a 值不在允许的范围内
Test Case 6	3	101	5	b 值不在允许的范围内
Test Case 7	3	4	101	c 值不在允许的范围内

3．对等区间划分

对等区间划分是测试用例设计的非常规形式化的方法。它将被测对象的输入/输出划分成一些区间，被测软件对一个特定区间的任何值都是等价的。形成测试区间的数据不只是函数/过程的参数，也可以是程序可以访问的全局变量、系统资源等，这些变量或资源可以是以时间形式存在的数据，或以状态形式存在的输入/输出序列。

对等区间划分假定位于单个区间的所有值对测试都是对等的，应为每个区间的一个值设计一个测试用例。

举例说明如下。

平方根函数要求当输入值为 0 或大于 0 时，返回输入数的平方根；当输入值小于 0 时，显示错误信息"平方根错误，输入值小于 0"，并返回 0。

考虑平方根函数的测试用例区间，可以划分出两个输入区间和两个输出区间，如表 8-5 所示。

表 8-5　平方根函数的测试用例区间划分

输入区间		输出区间	
i	<0	A	>=0
ii	>=0	B	Error

通过分析，可以用两个测试用例来测试 4 个区间。

测试用例 1：输入 4，返回 2　　　　　　　　　　　　　　　　　　　　　//区间 ii 和 A
测试用例 2：输入 −4，返回 0，输出"平方根错误，输入值小于 0"　　//区间 i 和 B

上例的对等区间划分非常简单。当软件变得更加复杂时，对等区间的确定就越难，区间之间的相互依赖性就越强，使用对等区间划分设计测试用例技术的难度会增加。

8.2　边界值分析法

8.2.1　边界值分析法概述

边界值分析法（Boundary Value Analysis，BVA）是一种补充等价类划分法的测试用例设计技术，它不是选择等价类的任意元素，而是选择等价类边界的测试用例。在测试过程中，可能会忽略边界值的条件，而软件设计中大量的错误是发生在输入或输出范围的边界上，而不是发生在输入/输出范围的内部。因此，针对各种边界情况设计测试用例，可以查出更多的错误。

在实际的软件设计过程中，会涉及大量的边界值条件和过程，下面是一个简单的 VB 程序的例子。

```
Dim data(10) as Integer
Dim i as Integer
For i = 1 to 10
   data(i) = 1
Next i
```

在这个程序中，目标是创建一个拥有 10 个元素的一维数组，看似合理，但是，在大多数 Basic 语言中，当一个数组被定义时，其第一个元素所对应的数组下标是 0 而不是 1。由此，上述程序运行结束后，数组中成员的赋值情况如下。

data(0) = 0,data(1) = 1,data(2) = 1,…,data(10) = 1

这时，如果其他程序员在使用这个数组的时候，可能会造成软件的缺陷或者错误的产生。

使用边界值分析方法设计测试用例，首先应确定边界情况。通常输入和输出等价类的边界，就是应着重测试的边界情况。应当选取正好等于、刚刚大于或刚刚小于边界的值作为测试数据，而不是选取等价类中的典型值或任意值作为测试数据。

在应用边界值分析法设计测试用例时，应遵循以下几条原则。

（1）如果输入条件规定了值的范围，则应该选取刚达到这个范围的边界值，以及刚刚超过这个范围边界的值作为测试输入数据。

(2) 如果输入条件规定了值的个数,则用最大个数、最小个数、比最小个数少1、比最大个数多1的数作为测试数据。

(3) 根据规格说明的每一个输出条件,分别使用以上两个原则。

(4) 如果程序的规格说明给出的输入域或者输出域是有序集合(如有序表、顺序文件等),则应选取集合的第一个元素和最后一个元素作为测试用例。

(5) 如果程序中使用了一个内部数据结构,则应当选择这个内部数据结构的边界值作为测试用例。

(6) 分析规格说明,找出其他可能的边界条件。

举例说明如下。

考虑学生考试成绩的输入(不计小数点),其输入数据是一个有限范围的整数,可以确定输入数据的最小值(min)和最大值(max),则有效的数据范围是 $min \leqslant N \leqslant max$,即 $0 \leqslant N \leqslant 100$。于是,可以选取输入变量的最小值(min)、略大于最小值(min+1)、略小于最大值(max-1)和最大值(max)来设计测试用例。因此,学生分数的边界值分析法的有效测试数据是:0、1、99、100。有时,为了检查输入数据超过极限值时系统的情况,还需要考虑采用一个略超过最大值(max+1)以及略小于最小值(min-1)的取值,即健壮性测试。所以,上述学生分数输入的无效测试数据为:-1、101。

8.2.2 边界条件与次边界条件

边界值分析法是对输入的边界值进行测试。在测试用例设计中,需要对输入的条件进行分析并且找出其中的边界值条件,通过对这些边界值的测试来查出更多的错误。

提出边界条件时,一定要测试临近边界的有效数据,测试最后一个可能有效的数据,同时测试刚超过边界的无效数据。通常情况下,软件测试所包含的边界检验有几种类型:数值、字符、位置、数量、速度、尺寸等,在设计测试用例时要考虑边界检验的类型特征:第一个/最后一个、开始/完成、空/满、最大值/最小值、最快/最慢、最高/最低、最长/最短等。这些不是确定的列表,而是一些可能出现的边界条件。

举个例子,如表 8-6 所示。

表 8-6 利用边界值作为测试数据的例子

类别	边 界 值	测试用例的设计思路
字符	起始-1个字符/结束+1个字符	假设一个文本输入区域要求允许输入1到255个字符,输入1个和255个字符作为有效等价类;输入0个和256个字符作为无效等价类,这几个数值都属于边界条件值
数值	开始位-1/结束位+1	假设软件要求输入的数据为5位数值,则可以使用00000作为最小值和99999作为最大值,然后使用刚好小于5位和大于5位的数值来作为边界条件
方向	刚刚超过/刚刚低于	
空间	小于空余空间一点/大于满空间一点	假如要做磁盘的数据存储,使用比最小剩余磁盘空间大一点(几 Kb)的文件作为最大值的检验边界条件

在多数情况下,边界值条件是基于应用程序的功能设计而需要考虑的因素,可以从软

件的规格说明或常识中得到,也是最终用户通常最容易发现问题的地方。然而,在测试用例设计过程中,某些边界值条件不需要呈现给用户,或者用户很难注意到这些问题,但这些边界条件同时确实属于检验范畴内的边界条件,称为内部边界值条件或次边界值条件,主要有以下几种。

1. 数值的边界值检验

计算机是基于二进制进行工作的,因此,任何数值运算都有一定的范围限制,如表 8-7 所示。

表 8-7 计算机数值运算的范围

项	范 围 或 值
位(bit)	0 或 1
字节(byte)	0~255
字(word)	0~65,535(单字)或 0~4,294,967,295(双字)
千(K)	1024
兆(M)	1048576
吉(G)	1073741824
太(T)	1099511627776

例如对字节进行检验,边界值条件可以设置成 254、255 和 256。

2. 字符的边界值检验

在字符的编码方式中,ASCII 码和 Unicode 是比较常见的编码方式,表 8-8 中列出了一些简单的 ASCII 码对应表。

表 8-8 字符的 ASCII 码对应表

字 符	ASCII 码值	字 符	ASCII 码值
空(null)	0	A	65
空格(space)	32	a	97
斜杠(/)	47	左中括号([)	91
0	48	Z	122
冒号(:)	58	Z	90
@	64	单引号(')	96

在做文本输入或者文本转换的测试过程中,需要非常清晰地了解 ASCII 码的一些基本对应关系,例如小写字母 z 和大写字母 Z 在表中对应不同的 ASCII 码,这些也必须被考虑到数据区域划分的过程中,从而定义等价有效类来设计测试用例。

3. 其他边界值检验

其他边界值检验包括默认值/空值/空格/未输入值/零、无效数据/不正确数据和干扰数据等。

在实际的测试用例设计中,需要将基本的软件设计要求和程序定义的要求结合起来,即结合基本边界值条件和子边界值条件来设计有效的测试用例。

8.2.3 边界值分析法测试用例

以三角形问题为例,要求输入三个整数 a、b、c,分别作为三角形的三条边,取值范围为 1～100，判断由三条边构成的三角形类型为等边三角形、等腰三角形、一般三角形(包括直角三角形)以及非三角形。三角形的边界值分析测试用例如表 8-9 所示。

表 8-9 边界值分析测试用例

测试用例	a	b	c	预期输出
Test Case 1	1	50	50	等腰三角形
Test Case 2	2	50	50	等腰三角形
Test Case 3	50	50	50	等边三角形
Test Case 4	99	50	50	等腰三角形
Test Case 5	100	50	50	非三角形
Test Case 6	50	1	50	等腰三角形
Test Case 7	50	2	50	等腰三角形
Test Case 8	50	99	50	等腰三角形
Test Case 9	50	100	50	非三角形
Test Case 10	50	50	1	等腰三角形
Test Case 11	50	50	2	等腰三角形
Test Case 12	50	50	99	等腰三角形
Test Case 13	50	50	100	非三角形

8.3 决策表法

8.3.1 决策表法概述

在所有的黑盒测试方法中，基于决策表(也称判定表)的测试是最严格、最具有逻辑性的测试方法。决策表是分析和表达多个逻辑条件下执行不同操作情况的工具。由于决策表可以把复杂的逻辑关系和多种条件组合的情况表达得既具体又明确，在程序设计发展初期，决策表就已经被当作编写程序的辅助工具来使用。

决策表通常由以下四个部分组成。

(1) 条件桩：列出了问题的所有条件，通常认为列出的条件的先后次序无关紧要。
(2) 动作桩：列出了问题规定的可能采取的操作，这些操作的排列顺序没有约束。
(3) 条件项：针对条件桩给出的条件列出所有可能的取值。
(4) 动作项：与条件项紧密相关，列出在条件项的各组取值情况下应该采取的动作。

决策表的组成如图 8-1 所示。

任何一个条件组合的特定取值及其相应要执行的操作称为一条规则，在决策表中贯穿条件项和动作项的一列就是一条规则。显然，决策表中列出多少组条件取值，也就有多少条规则，即条件项和动作项有多少列。

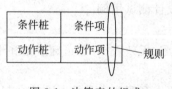

图 8-1 决策表的组成

根据软件规格说明，建立决策表的步骤如下。
(1) 确定规则的个数。假如有 n 个条件，每个条件有两个取值，故有 2^n 种规则。

(2) 列出所有的条件桩和动作桩。
(3) 填入条件项。
(4) 填入动作项,得到初始决策表。
(5) 化简。合并相似规则(相同动作)。

以下列问题为例给出构造决策表的具体过程。

如果某产品销售好并且库存低,则增加该产品的生产;如果该产品销售好,但库存量不低,则继续生产;若该产品销售不好,但库存量低,则继续生产;若该产品销售不好,且库存量不低,则停止生产。

决策表的构造过程如下。

(1) 确定规则的个数。对于本题有 2 个条件(销售、库存),每个条件可以有两个取值,故有 $2^2=4$ 种规则。

(2) 列出所有的条件桩和动作桩。
(3) 填入条件项。
(4) 填入动作项,得到初始决策表,如表 8-10 所示。

表 8-10 产品销售问题的决策表

选项		规则			
		1	2	3	4
条件	C_1:销售好?	T	T	F	F
	C_2:库存低?	T	F	T	F
动作	a_1:增加生产	√			
	a_2:继续生产		√	√	
	a_3:停止生产				√

每种测试方法都有适用的范围,决策表法适用于下列情况。

(1) 规格说明以决策表形式给出,或很容易转换成决策表。
(2) 条件的排列顺序不会也不应影响执行哪些操作。
(3) 规则的排列顺序不会也不应影响执行哪些操作。
(4) 每当某一规则的条件已经满足,并确定要执行的操作后,不必检验别的规则。
(5) 如果某一规则得到满足要执行多个操作,这些操作的执行顺序无关紧要。

8.3.2 决策表法的应用

决策表最突出的优点是,能够将复杂的问题按照各种可能的情况全部列举出来,简明并避免遗漏。因此,利用决策表能够设计出完整的测试用例集合。运用决策表设计测试用例,可以将条件理解为输入,将动作理解为输出。

以三角形问题为例,要求输入三个整数 a、b、c,分别作为三角形的三条边,取值范围为 1~100,判断由三条边构成的三角形类型为等边三角形、等腰三角形、一般三角形(包括直角三角形)以及非三角形。

分析如下。

(1) 确定规则的个数。例如,三角形问题的决策表有 4 个条件,每个条件可以取两个值(真值和假值),所以应该有 $2^4=16$ 种规则。

(2) 列出所有条件桩和动作桩。

(3) 填写条件项。

(4) 填写动作项,从而得到初始决策表。如表 8-11 所示。

表 8-11 三角形问题的初始决策表

	选 项	规 则							
		1	2	3	4	5	6	7	8
条件	C_1: a、b、c 构成一个三角形?	F	F	F	F	F	F	F	F
	C_2: $a=b$?	T	T	T	T	F	F	F	F
	C_3: $b=c$?	T	T	F	F	T	T	F	F
	C_4: $a=c$?	T	F	T	F	T	F	T	F
动作	a_1: 非三角形	√	√	√	√	√	√	√	√
	a_2: 一般三角形								
	a_3: 等腰三角形								
	a_4: 等边三角形								
	a_5: 不可能								

	选 项	规 则							
		9	10	11	12	13	14	15	16
条件	C_1: a、b、c 构成一个三角形?	T	T	T	T	T	T	T	T
	C_2: $a=b$?	T	T	T	T	F	F	F	F
	C_3: $b=c$?	T	T	F	F	T	T	F	F
	C_4: $a=c$?	T	F	T	F	T	F	T	F
动作	a_1: 非三角形								
	a_2: 一般三角形								√
	a_3: 等腰三角形				√		√	√	
	a_4: 等边三角形	√							
	a_5: 不可能		√	√		√			

(5) 简化决策表。合并相似规则后得到三角形问题的简化决策表,如表 8-12 所示。

表 8-12 三角形问题的简化决策表

	选 项	规 则								
		1~8	9	10	11	12	13	14	15	16
条件	C_1: a、b、c 构成一个三角形?	F	T	T	T	T	T	T	T	T
	C_2: $a=b$?	—	T	T	T	T	F	F	F	F
	C_3: $b=c$?	—	T	T	F	F	T	T	F	F
	C_4: $a=c$?	—	T	F	T	F	T	F	T	F

续表

<table>
<tr><th rowspan="2">选项</th><th colspan="9">规则</th></tr>
<tr><th>1～8</th><th>9</th><th>10</th><th>11</th><th>12</th><th>13</th><th>14</th><th>15</th><th>16</th></tr>
<tr><td>动作 a_1：非三角形</td><td>√</td><td></td><td></td><td></td><td></td><td></td><td></td><td></td><td></td></tr>
<tr><td>a_2：一般三角形</td><td></td><td></td><td></td><td></td><td></td><td></td><td></td><td></td><td>√</td></tr>
<tr><td>a_3：等腰三角形</td><td></td><td></td><td></td><td></td><td>√</td><td></td><td>√</td><td>√</td><td></td></tr>
<tr><td>a_4：等边三角形</td><td></td><td>√</td><td></td><td></td><td></td><td></td><td></td><td></td><td></td></tr>
<tr><td>a_5：不可能</td><td></td><td></td><td>√</td><td>√</td><td></td><td>√</td><td></td><td></td><td></td></tr>
</table>

根据决策表 8-12 可设计测试用例，如表 8-13 所示。

表 8-13　三角形问题的决策表测试用例

测试用例	a	b	c	预期输出
Test Case 1	10	4	4	非三角形
Test Case 2	4	4	4	等边三角形
Test Case 3	?	?	?	不可能
Test Case 4	?	?	?	不可能
Test Case 5	4	4	5	等腰三角形
Test Case 6	?	?	?	不可能
Test Case 7	5	4	4	等腰三角形
Test Case 8	4	5	4	等腰三角形
Test Case 9	3	4	5	一般三角形

说明：? 表示不存在符合条件的测试用例数据。

8.4　因果图法

8.4.1　因果图法概述

等价类划分法和边界值分析法都着重考虑输入条件，而没有考虑到输入条件的各种组合情况，也没有考虑到各个输入条件之间的相互制约关系。因此，必须考虑采用一种适合于多种条件的组合，相应能产生多个动作的形式来进行测试用例的设计，这就需要采用因果图法。因果图法是一种利用图解法分析输入的各种组合情况，从而设计测试用例的方法，它适合于检查程序输入条件的各种情况的组合。

在因果图中使用 4 种符号分别表示 4 种因果关系，如图 8-2 所示。用直线连接左右节点，其中左节点 C_i 表示输入状态（或称原因），右节点 e_i 表示输出状态（或称结果）。C_i 和 e_i 都可取值 0 或 1，0 表示某状态不出现，1 表示某状态出现。

图 8-2 中各符号的含义如下。

图 8-2(a)：表示恒等。若 C_1 是 1，则 e_1 也是 1；若 C_1 是 0，则 e_1 为 0。

图 8-2(b)：表示非。若 C_1 是 1，则 e_1 是 0；若 C_1 是 0，则 e_1 为 1。

图 8-2(c)：表示或。若 C_1 或 C_2 或 C_3 是 1，则 e_1 是 1；若 C_1、C_2、C_3 全为 0，则 e_1 为 0。

图 8-2(d)：表示与。若 C_1 和 C_2 都是 1，则 e_1 是 1，否则 e_1 为 0。

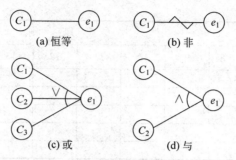

图 8-2 因果图的基本符号

在实际问题中,输入状态相互之间还可能存在某些依赖关系,称为约束。例如,某些输入条件不可能同时出现。输出状态之间也往往存在约束,在因果图中,以特定的符号标明这些约束,如图 8-3 所示。

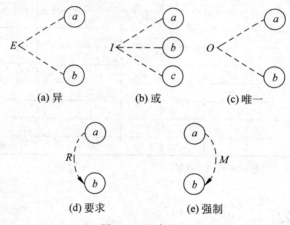

图 8-3 约束符号

图 8-3 中对输入条件的约束如下。

图 8-3(a):表示 E 约束(异)。a 和 b 中最多有一个可能为 1,即 a 和 b 不能同时为 1。

图 8-3(b):表示 I 约束(或)。a、b 和 c 中至少有一个必须是 1,即 a、b 和 c 不能同时为 0。

图 8-3(c):表示 O 约束(唯一)。a 和 b 中必须有一个且仅有一个为 1。

图 8-3(d):表示 R 约束(要求)。a 是 1 时,b 必须是 1,即 a 是 1 时,b 不能是 0。

对输出条件的约束只有 M 约束。

图 8-3(e):表示 M 约束(强制)。若结果 a 是 1,则结果 b 强制为 0。

因果图法最终要生成决策表。

利用因果图法生成测试用例需要以下几个步骤。

(1) 分析软件规格说明书中的输入/输出条件,并且分析出等价类。分析规格说明中的语义的内容,通过这些语义来找出相对应的输入与输入之间,输入与输出之间的对应关系。

(2) 将对应的输入与输入之间,输入与输出之间的关系连接起来,并且将其中不可能的组合情况标注成约束或者限制条件,形成因果图。

(3) 将因果图转换成决策表。
(4) 将决策表的每一列作为依据,设计测试用例。
上述步骤如图 8-4 所示。

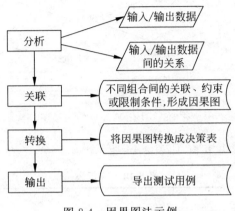

图 8-4　因果图法示例

从因果图生成的测试用例中包括了所有输入数据取真值和假值的情况,构成的测试用例数目达到最少,且测试用例数目随输入数据数目的增加而线性地增加。

8.4.2　因果图法测试用例

某软件规格说明中包含这样的要求:输入的第一个字符必须是 A 或 B,第二个字符必须是一个数字,在此情况下进行文件的修改;但如果第一个字符不正确,则给出信息 L;如果第二个字符不是数字,则给出信息 M。

解法如下。

(1) 分析程序的规格说明,列出原因和结果。

原因:C_1——第一个字符是 A

　　　C_2——第一个字符是 B

　　　C_3——第二个字符是一个数字

结果:e_1——给出信息 L

　　　e_2——修改文件

　　　e_3——给出信息 M

(2) 将原因和结果之间的因果关系用逻辑符号连接起来,得到因果图,如图 8-5 所示。编号为 11 的中间节点是导出结果的进一步原因。

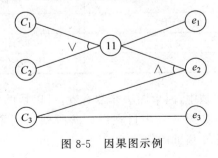

图 8-5　因果图示例

因为 C_1 和 C_2 不可能同时为 1，即第一个字符不可能既是 A 又是 B，在因果图上可对其施加 E 约束，得到具有约束的因果图，如图 8-6 所示。

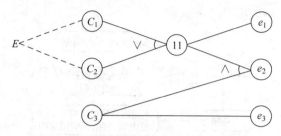

图 8-6　具有 E 约束的因果图

(3) 将因果图转换成决策表，如表 8-14 所示。

表 8-14　决策表

选　项		规　则							
		1	2	3	4	5	6	7	8
条件	C_1	1	1	1	1	0	0	0	0
	C_2	1	1	0	0	1	1	0	0
	C_3	1	0	1	0	1	0	1	0
	11			1	1	1	1	0	0
动作	e_1			0	0	0	0	1	1
	e_2			1	0	1	0	0	0
	e_3			0	1	0	1	0	1
	不可能	1	1						
测试用例				A5	A♯	B9	B?	X2	Y%

(4) 设计测试用例。表 8-14 中的前两种情况，因为 C_1 和 C_2 不可能同时为 1，所以应排除这两种情况。根据此表，可以设计出 6 个测试用例，如表 8-15 所示。

表 8-15　测试用例

测试用例	输入数据	预期输出
Test Case 1	A5	修改文件
Test Case 2	A♯	给出信息 M
Test Case 3	B9	修改文件
Test Case 4	B?	给出信息 M
Test Case 5	X2	给出信息 L
Test Case 6	Y%	给出信息 L 和信息 M

事实上，在较复杂的问题中，因果图法非常有效，可以帮助检查输入条件组合，设计出非冗余、高效的测试用例。如果开发项目在设计阶段就采用了决策表，则不必再画因果图，可以直接利用决策表设计测试用例。

8.5 错误推测法

错误推测法是利用经验和直觉推测出出错的可能类型,列举出程序中所有可能的错误和容易发生错误情况的清单,根据清单设计测试用例。所谓凭经验,是指人们对过去所作测试结果的分析,对所揭示缺陷的规律性直觉的推测来发现缺陷。

错误推测法往往没有固定的方法,而是一些非常规办法,在回归测试中应用较多。错误推测法一般采用以下技术。

(1) 有关软件设计方法和实现技术。

(2) 有关前期测试阶段结果的知识。

(3) 测试类似或相关系统的经验,了解以前这些系统曾在哪些地方出现缺陷。

(4) 典型的产生错误的知识,如被零除错误。

(5) 通用的测试经验规则。

错误推测法有以下优点。

(1) 不用设计等价类的测试用例,将多个等价类的测试合成一个随机测试,可以以较少代码实现测试代码的编写。

(2) 当等价类设计不确切或不完全时,测试会产生遗漏,而使用错误推测法则是按照概率进行等价类覆盖。不论存在多少个等价类,只要随机数据个数足够,就能保证各个等价类被覆盖的概率足够高,能够有效弥补等价类分法设计不充分的缺陷。

(3) 采用错误推测法进行测试,每次执行测试时,测试的样本数据可能都不同,执行次数越多,错误暴露的概率越大。

错误推测法有以下缺点。

(1) 错误推测法中的随机数据很难覆盖到边界值,无法保证测试的充分性。

(2) 错误推测法进行自动化测试的难度较大。有些程序很难用程序来自动验证,这使得程序结果的验证工作难度变大。

(3) 当等价类的范围较小,这些范围较小的等价类被覆盖的概率也很小,错误推测法难以测试到。

(4) 随机测试不可以代替常规的功能或非功能测试,因为其随意性大,没有一套完整严格的方法且有章可循的测试技术。

8.6 黑盒测试综合用例

NextDate 函数包含三个变量:month(月份)、day(日期) 和 year(年),函数的输出为输入日期后一天的日期。例如,输入为 2021 年 3 月 9 日,则函数的输出为 2021 年 3 月 10 日。要求输入变量 month、day 和 year 均为整数值,并且满足下列条件。

(1) $1 \leqslant month \leqslant 12$

(2) $1 \leqslant day \leqslant 31$

(3) $1950 \leqslant year \leqslant 2050$

此函数的主要特点是输入变量之间的逻辑关系比较复杂。复杂性的来源有两个：一个是输入域的复杂性，另一个是指闰年的规则。例如变量 year 和变量 month 取不同的值，对应的变量 day 会有不同的取值范围，day 值的范围可能是 1～30 或 1～31，也可能是 1～28 或 1～29。

下面根据黑盒测试中几种常见的测试方法为 NextDate 函数设计测试用例。

8.6.1 等价类划分法设计测试用例

1. 简单等价类划分测试 NextDate 函数

简单等价类划分测试 NextDate 函数可以划分以下三种有效等价类。

(1) M1＝{month：1≤month≤12}

(2) D1＝{day：1≤day≤31}

(3) Y1＝{year：1950≤year≤2050}

若条件(1)～(3)中任何一个条件无效，那么 NextDate 函数都会产生一个输出，指明相应的变量超出取值范围，例如 month 的值不在 1～12 范围当中。显然还存在着大量的 year、month、day 的无效组合，NextDate 函数将这些组合统一输出为"无效输入日期"。其无效等价类如下。

M2＝{month：month＜1}

M3＝{month：month＞12}

D2＝{day：day＜1}

D3＝{day：day＞31}

Y2＝{year：year＜1950}

Y3＝{year：year＞2050}

一般等价类测试用例如表 8-16 所示。

表 8-16 NextDate 函数的一般等价类测试用例

测试用例	输入			期望输出
	month	day	year	
Test Case 1	3	9	2021	2021 年 3 月 9 日

健壮等价类测试中包含弱健壮等价类测试和强健壮等价类测试。

弱健壮等价类测试中的有效测试用例使用每个有效等价类中的一个值。弱健壮等价类测试中的无效测试用例则只包含一个无效值，其他都是有效值，即含有单缺陷假设。如表 8-17 所示。

表 8-17 NextDate 函数的弱健壮等价类测试用例

测试用例	输入			期望输出
	month	day	year	
Test Case 1	3	9	2021	2021 年 3 月 10 日
Test Case 2	0	9	2021	month 不在 1～12 中
Test Case 3	13	9	2021	month 不在 1～12 中

续表

测试用例	输入			期望输出
	month	day	year	
Test Case 4	3	0	2021	day 不在 1～31 中
Test Case 5	3	32	2021	day 不在 1～31 中
Test Case 6	3	9	1945	year 不在 1950～2050 中
Test Case 7	3	9	2051	year 不在 1950～2050 中

强健壮等价类测试考虑了更多的无效值情况。强健壮等价类测试中的无效测试用例可以包含多个无效值，即含有多个缺陷假设。因为 NextDate 函数有三个变量，所以对应的强健壮等价类测试用例可以包含一个无效值，两个无效值或三个无效值。如表 8-18 所示。

表 8-18 NextDate 函数的强健壮等价类测试用例

测试用例	输入			期望输出
	month	day	year	
Test Case 1	−1	9	2021	month 不在 1～12 中
Test Case 2	3	−1	2021	day 不在 1～31 中
Test Case 3	3	9	1949	year 不在 1950～2050 中
Test Case 4	−1	−1	2021	变量 month、day 无效 变量 year 有效
Test Case 5	−1	9	1949	变量 month、year 无效 变量 day 有效
Test Case 6	3	−1	1949	变量 day、year 无效 变量 month 有效
Test Case 7	−1	−1	1949	变量 month、day、year 无效

2. 改进等价类划分测试 NextDate 函数

在简单等价类划分测试 NextDate 函数中，没有考虑 2 月的天数问题，也没有考虑闰年的问题，月份只包含了 30 天和 31 天两种情况。在改进等价类划分测试 NextDate 函数中，要考虑 2 月天数的问题。

关于每个月份的天数问题，可以详细划分为以下等价类。

M1＝{month：month 有 30 天}

M2＝{month：month 有 31 天}

M3＝{month：month 是 2 月}

D1＝{day：1≤day≤27}

D2＝{day：day＝28}

D3＝{day：day＝29}

D4＝{day：day＝30}

D5＝{day：day＝31}

Y1＝{year：year 是闰年}

Y2＝{year：year 不是闰年}

改进等价类划分测试 NextDate 函数如表 8-19 所示。

表 8-19 改进等价类划分法测试用例

测试用例	输入			期望输出
	month	day	year	
Test Case 1	6	30	2021	2021 年 7 月 1 日
Test Case 2	8	31	2021	2021 年 9 月 1 日
Test Case 3	2	27	2021	2021 年 2 月 28 日
Test Case 4	2	28	2021	2021 年 3 月 1 日
Test Case 5	2	29	2000	2000 年 3 月 1 日（2000 是闰年）
Test Case 6	9	31	2021	不可能的输入日期
Test Case 7	2	29	2021	不可能的输入日期
Test Case 8	2	30	2021	不可能的输入日期
Test Case 9	15	9	2021	变量 month 无效
Test Case 10	9	35	2021	变量 day 无效
Test Case 11	9	9	2100	变量 year 无效

8.6.2 边界值分析法设计测试用例

在 NextDate 函数中，规定了变量 month、day、year 的相应取值范围。在上面等价类法设计测试用例中已经提过，具体如下。

M1＝{month：1≤month≤12}

D1＝{day：1≤day≤31}

Y1＝{year：1950≤year≤2050}

NextDate 函数边界值法测试用例如表 8-20 所示。

表 8-20 NextDate 函数边界值法测试用例

测试用例	输入			期望输出
	month	day	year	
Test Case 1	−1	15	2030	month 不在 1～12 中
Test Case 2	0	15	2030	month 不在 1～12 中
Test Case 3	1	15	2030	2030 年 1 月 16 日
Test Case 4	2	15	2030	2030 年 2 月 16 日
Test Case 5	11	15	2030	2030 年 11 月 16 日
Test Case 6	12	15	2030	2030 年 12 月 16 日
Test Case 7	13	15	2030	month 不在 1～12 中
Test Case 8	6	−1	2030	day 不在 1～31 中
Test Case 9	6	0	2030	day 不在 1～31 中
Test Case 10	6	1	2030	2030 年 6 月 2 日
Test Case 11	6	2	2030	2030 年 6 月 3 日

续表

测试用例	输入			期望输出
	month	day	year	
Test Case 12	6	30	2030	2030 年 7 月 1 日
Test Case 13	6	31	2030	不可能的输入日期
Test Case 14	6	32	2030	day 不在 1~31 中
Test Case 15	6	15	1931	year 不在 1950~2050 中
Test Case 16	6	15	1951	1951 年 6 月 16 日
Test Case 17	6	15	2000	2000 年 6 月 16 日
Test Case 18	6	15	2049	2049 年 6 月 16 日
Test Case 19	6	15	2050	2050 年 6 月 16 日
Test Case 20	6	15	2051	year 不在 1950~2050 中

8.6.3 决策表法设计测试用例

NextDate 函数中包含了定义域各个变量之间的依赖问题。等价类划分法和边界值分析法只能"独立地"选取各个输入值,不能体现出多个变量间的依赖关系。决策表法则是根据变量间的逻辑依赖关系设计测试输入数据,排除不可能的数据组合,很好地解决了定义域的依赖问题。

NextDate 函数求解给定某个日期的下一个日期的可能操作(动作桩)如下。

(1) 变量 day 加 1 操作。

(2) 变量 day 复位操作。

(3) 变量 month 加 1 操作。

(4) 变量 month 复位操作。

(5) 变量 year 加 1 操作。

根据上述动作桩发现 NextDate 函数的求解关键是日和月的问题,通常可以在下面等价类(条件桩)的基础上建立决策表。

M1={month:month 有 30 天}

M2={month:month 有 31 天,12 月除外}

M3={month:month 是 12 月}

M4={month:month 是 2 月}

D1={day:$1 \leqslant day \leqslant 27$}

D2={day:day=28}

D3={day:day=29}

D4={day:day=30}

D5={day:day=31}

Y1={year:year 是闰年}

Y2={year:year 不是闰年}

输入变量间存在大量逻辑关系的 NextDate 函数决策表如表 8-21 所示。

表 8-21　NextDate 函数的决策表

选项		规则										
		1	2	3	4	5	6	7	8	9	10	11
条件	C1：month 在	M1	M1	M1	M1	M1	M2	M2	M2	M2	M2	M3
	C2：day 在	D1	D2	D3	D4	D5	D1	D2	D3	D4	D5	D1
	C3：year 在	—	—	—	—	—	—	—	—	—	—	—
动作	A1：不可能					✓						
	A2：day 加 1	✓	✓	✓			✓	✓	✓	✓		✓
	A3：day 复位				✓						✓	
	A4：month 加 1				✓						✓	
	A5：month 复位											
	A6：year 加 1											

选项		规则										
		12	13	14	15	16	17	18	19	20	21	22
条件	C1：month 在	M3	M3	M3	M3	M4	M4	M4	M4	M4	M4	M4
	C2：day 在	D2	D3	D4	D5	D1	D2	D2	D3	D3	D4	D5
	C3：year 在	—	—	—	—	—	Y1	Y2	Y1	Y2	—	—
动作	A1：不可能									✓	✓	✓
	A2：day 加 1	✓	✓	✓		✓	✓					
	A3：day 复位				✓			✓	✓			
	A4：month 加 1							✓	✓			
	A5：month 复位				✓							
	A6：year 加 1				✓							

决策表 8-21 共有 22 条规则如下。

(1) 第 1～5 条规则解决有 30 天的月份。

(2) 第 6～10 条规则解决有 31 天的月份(除 12 月以外)。

(3) 第 11～15 条规则解决 12 月。

(4) 第 16～22 条规则解决 2 月和闰年的问题。

不可能规则也在决策表中列出，比如第 5 条规则中在有 30 天的月份中也考虑了 31 日。

上述决策表有 22 条规则，比较复杂。可以根据具体情况适当合并动作项相同的规则，从而简化这 22 条规则。例如，规则 1、2 和 3 都涉及有 30 天的月份的 day 类 D1、D2 和 D3，并且它们的动作项都是 day 加 1，则可以将规则 1、2 和 3 合并。类似地，有 31 天的月份的 day 类 D1、D2、D3 和 D4 也可以合并，2 月的 D4 和 D5 也可以合并。简化后的表 8-21 如表 8-22 所示。

表 8-22 简化的 NextDate 函数决策表

	选　　项	规　则												
		1,2,3	4	5	6,7,8,9	10	11,12,13,14	15	16	17	18	19	20	21,22
条件	C1：month 在	M1	M1	M1	M2	M2	M3	M3	M4	M4	M4	M4	M4	M4
	C2：day 在	D1,D2,D3	D4	D5	D1,D2,D3,D4	D5	D1,D2,D3,D4	D5	D1	D2	D2	D3	D3	D4,D5
	C3：year 在	—	—	—	—	—	—	—	—	Y1	Y2	Y1	Y2	—
动作	A1：不可能			√										√
	A2：day 加 1	√			√		√		√	√				
	A3：day 复位		√			√		√				√	√	
	A4：month 加 1		√									√	√	
	A5：month 复位							√						
	A6：year 加 1							√						

根据简化的决策表 8-22,可设计如表 8-23 所示的测试用例。

表 8-23 NextDate 函数的测试用例组

测试用例	month	day	year	预期输出
Test Case 1~3	6	15	2021	2021 年 6 月 16 日
Test Case 4	6	30	2021	2021 年 7 月 1 日
Test Case 5	6	31	2021	不可能的输入日期
Test Case 6~9	1	15	2021	2021 年 1 月 16 日
Test Case 10	1	31	2021	2021 年 2 月 1 日
Test Case 11~14	12	15	2021	2021 年 12 月 16 日
Test Case 15	12	31	2021	2022 年 1 月 1 日
Test Case 16	2	15	2021	2021 年 2 月 16 日
Test Case 17	2	28	2000	2000 年 2 月 29 日
Test Case 18	2	28	2021	2021 年 3 月 1 日
Test Case 19	2	29	2000	2000 年 3 月 1 日
Test Case 20	2	29	2021	不可能的输入日期
Test Case 21,22	2	30	2021	不可能的输入日期

小结

为了最大限度地减少测试遗留的缺陷,同时也为了最大限度地发现存在的缺陷,在测试实施之前,测试工程师必须确定将要采用的黑盒测试策略和方法,并以此为依据制定详细的测试方案。

如何才能确定好的黑盒测试策略和测试方法呢？通常,在确定黑盒测试方法时,应该遵循以下原则。

(1) 根据程序的重要性和一旦发生故障将造成的损失程度来确定测试等级和测试重点。

(2) 认真选择测试策略,以便能尽可能少地使用测试用例,发现尽可能多的程序错误。因为一次完整的软件测试过后,如果程序中遗留的错误过多并且严重,则表明该次测试是不足的,而测试不足则意味着将会让用户承担隐藏错误带来的危险,但测试过度又会带来资源的浪费。因此,测试需要找到一个平衡点。

以下是各种黑盒测试方法选择的综合策略,可在实际应用过程中参考。

(1) 首先进行等价类划分,包括输入条件和输出条件的等价划分,将无限测试变成有限测试,这是减少工作量和提高测试效率的最有效方法。

(2) 在任何情况下都必须使用边界值分析方法。经验表明,用这种方法设计出测试用例发现程序错误的能力最强。

(3) 对照程序逻辑,检查已设计出的测试用例的逻辑覆盖程度。如果没有达到要求的覆盖标准,应当再补充足够的测试用例。

如果程序的功能说明中含有输入条件的组合情况,则应在一开始就选用因果图法。

习题

1. 常用的黑盒测试用例设计方法有哪些？举例说明。

2. 下面是某股票公司的佣金政策,根据决策表方法设计具体测试用例。

如果一次销售额少于1000元,那么基础佣金将是销售额的7%;如果销售额等于或多于1000元,但少于10000元,那么基础佣金将是销售额的5%,外加50元;如果销售额等于或多于10000元,那么基础佣金将是销售额的4%,外加150元。另外销售单价和销售的份数对佣金也有影响。如果单价低于15元/份,则外加基础佣金的5%,此外若不是整百的份数,再外加4%的基础佣金;若单价在15元/份以上,但低于25元/份,则加2%的基础佣金,若不是整百的份数,再外加4%的基础佣金;若单价在25元/份以上,并且不是整百的份数,则外加4%的基础佣金。

3. 测试银行提款机上的提款功能,要求用户输入的提款金额的有效数值是50～2000,并以50为最小单位(即取款金额为50的倍数),且小数点后为00,除小数点外,不可以出现数字以外的任何符号和文字。试用等价类划分法和边界值分析法设计测试用例。

4. 某程序要求输入日期,规定变量 month、day、year 的取值范围为:1≤month≤12,1≤day≤31,1958≤year≤2058,试用边界值分析法设计测试用例。

第 9 章

白盒测试实例设计

本章概要

- 逻辑覆盖测试；
- 路径分析测试；
- 其他白盒测试方法；
- 白盒测试综合用例。

9.1 逻辑覆盖测试

白盒测试技术的常见方法之一是覆盖测试，它是利用程序的逻辑结构设计相应的测试用例。测试人员要深入了解被测程序的逻辑结构特点，完全掌握源代码的流程，才能设计出恰当的测试用例。根据不同的测试要求，覆盖测试可以分为语句覆盖、判断覆盖、条件覆盖、判断/条件覆盖、条件组合覆盖和路径覆盖。

下面是一段简单的 C 语言程序，作为公共程序段来说明覆盖测试的各自特点。

程序 9-1：

```
1    If (x > 100 && y > 500) then
2        score = score + 1
3    If (x >= 1000 || z > 5000) then
4        score = score + 5
```

逻辑运算符 && 表示与的关系，逻辑运算符 || 表示或的关系。其程序控制流程图如图 9-1 所示。

9.1.1 语句覆盖

语句覆盖（Statement Coverage）是指设计若干个测试用例，程序运行时每个可执行语句至少被执行一次。在保证完成要求的情况下，测试用例的数目越少越好。

针对公共程序段设计的测试用例组 1 如下。

Test Case 1：x＝2000，y＝600，z＝6000

Test Case 2：x＝900，y＝600，z＝5000

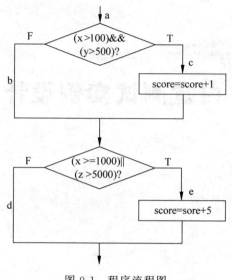

图 9-1 程序流程图

如表 9-1 所示,采用 Test Case 1 作为测试用例,则在图 9-1 中,程序按路径 ace 顺序执行,程序中的 4 个语句都被执行一次,符合语句覆盖的要求。采用 Test Case 2 作为测试用例,则在图 9-1 中,程序按路径 acd,顺序执行,程序中的语句 4 没有执行到,所以没有达到语句覆盖的要求。

表 9-1 测试用例组 1

测试用例	x,y,z	(x>100)and (y>500)	(x>=1000)or (z>5000)	执行路径
Test Case 1	2000,600,6000	True	True	ace
Test Case 2	900,600,5000	True	False	acd

从表面上看,语句覆盖用例测试了程序中的每一个语句行,好像对程序覆盖得很全面,但实际上语句覆盖测试是最弱的逻辑覆盖方法。例如,第一个判断的逻辑运算符 && 错误写成 ||,或者第二个判断的逻辑运算符 || 错误写成 &&,这时如果采用 Test Case 1 测试用例就检验不出程序中的判断逻辑错误。如果语句 3 "If (x>=1000|| z>5000) then" 错误写成 "If (x>=1500|| z>5000) then",用 Test Case 1 同样无法发现错误之处。

根据上述分析可知,语句覆盖测试只是表面上的覆盖程序流程,没有针对源程序各个语句间的内在关系,设计更为细致的测试用例。

9.1.2 判断覆盖

判断覆盖(Branch Coverage)是指设计若干个测试用例,执行被测试程序时,程序中每个判断条件的真值分支和假值分支至少被执行一遍。在保证完成要求的情况下,测试用例的数目越少越好。

判断覆盖又称为分支覆盖。

测试用例组 2 如下。

Test Case 1：x＝2000,y＝600,z＝6000

Test Case 3：x＝50,y＝600,z＝2000

如表 9-2 所示,采用 Test Case 1 作为测试用例,在图 9-1 中,程序按路径 ace 顺序执行;采用 Test Case 3 作为测试用例,在图 9-1 中,程序按路径 abd 顺序执行。所以采用这一组测试用例,公共程序段的 4 个判断分支 b、c、d、e 均被覆盖到。

表 9-2 测试用例组 2

测试用例	x,y,z	（x＞100）and（y＞500）	（x＞＝1000）or（z＞5000）	执行路径
Test Case 1	2000,600,6000	True	True	ace
Test Case 3	50,600,2000	False	False	abd

测试用例组 3 如下。

Test Case 4：x＝2000,y＝600,z＝2000

Test Case 5：x＝2000, y＝200, z＝6000

如表 9-3 所示,采用这组测试用例同样可以满足判断覆盖。

表 9-3 测试用例组 3

测试用例	x,y,z	（x＞100）and（y＞500）	（x＞＝1000）or（z＞5000）	执行路径
Test Case 4	2000,600,2000	True	False	acd
Test Case 5	2000,200,6000	False	True	abe

实际上,测试用例组 2 和测试用例组 3 不仅达到了判断覆盖要求,也同时满足了语句覆盖要求。某种程度上可以说判断覆盖测试要强于语句覆盖测试。但是,如果将第二个判断条件((x＞＝1000) or (z＞5000))中的 z＞5000 错误定义成 z 的其他限定范围,由于判断条件中的两个判断式是或的关系,其中一个判断式错误不影响结果,所以这两组测试用例发现不了问题。因此,应该用具有更强逻辑覆盖能力的覆盖测试方法来测试这种内部判断条件。

9.1.3 条件覆盖

条件覆盖(Condition Coverage)是指设计若干个测试用例,执行被测试程序时,程序中每个判断条件中的每个判断式的真值和假值至少被执行一遍。

测试用例组 4 如下。

Test Case 1：x＝2000,y＝600,z＝6000

Test Case 3：x＝50,y＝600,z＝2000

Test Case 5：x＝2000,y＝200,z＝6000

如表 9-4 所示,把前面设计过的测试用例挑选出 Test Case 1、Test Case 3、Test Case 5 组合成测试用例组 4,组中的 3 个测试用例覆盖了 4 个内部判断式的 8 种真假值情况。同时这组测试用例也实现了判断覆盖。但是并不可以说判断覆盖是条件覆盖的子集。

表 9-4 测试用例组 4

测试用例	x,y,z	(x>100)	(y>500)	(x>=1000)	(z>5000)	执行路径
Test Case 1	2000,600,6000	True	True	True	False	ace
Test Case 3	50,600,2000	False	True	False	False	abd
Test Case 5	2000,200,6000	True	False	True	True	abe

测试用例组 5 如下。

Test Case 6：50,600,6000

Test Case 7：2000,200,1000

如表 9-5(a)和表 9-5(b)所示,测试用例组 5 中的 2 个测试用例虽然覆盖了 4 个内部判断式的 8 种真假值情况。但是这组测试用例在图 9-1 中的执行路径是 abe,仅是覆盖了判断条件的 4 个真假分支中的 2 个。所以,需要设计一种能同时满足判断覆盖和条件覆盖的覆盖测试方法,即判断/条件覆盖测试。

表 9-5(a) 测试用例组 5(1)

测试用例	x,y,z	(x>100)	(y>500)	(x>=1000)	(z>5000)	执行路径
Test Case 6	50,600,6000	False	True	False	True	abe
Test Case 7	2000,200,1000	True	False	True	False	abe

表 9-5(b) 测试用例组 5(2)

测试用例	x,y,z	(x>100)and(y>500)	(x>=1000)or(z>5000)	执行路径
Test Case 6	50,600,6000	False	True	abe
Test Case 7	2000,200,1000	False	True	abe

9.1.4 判断/条件覆盖

判断/条件覆盖是指设计若干个测试用例,执行被测试程序时,程序中每个判断条件的真假值分支至少被执行一遍,并且每个判断条件的内部判断式的真假值分支也要被执行一遍。

测试用例组 6 如下。

Test Case 1：x=2000, y=600, z=6000

Test Case 6：x=50, y=600, z=6000

Test Case 7：x=2000, y=200, z=1000

Test Case 8：x=50, y=200, z=2000

如表 9-6(a)和表 9-6(b)所示,测试用例组 6 虽然满足了判断覆盖和条件覆盖,但是没有对每个判断条件的内部判断式的所有真假值组合进行测试。条件组合判断是必要的,因为条件判断语句中 AND 和 OR 会使内部判断式之间产生抑制作用。例如,C=A AND B 中,如果 A 为假值,那么 C 就为假值,测试程序就不检测 B,B 的正确与否就无法测试。同样,C=A OR B 中,如果 A 为真值,那么 C 就为真值,测试程序也不检测 B,B 的正确与否也就无法测试。

表 9-6(a)　测试用例组 6(1)

测试用例	x,y,z	(x>100)	(y>500)	(x>=1000)	(z>5000)	执行路径
Test Case 1	2000,600,6000	True	True	True	True	ace
Test Case 8	50,200,2000	False	False	False	False	abd

表 9-6(b)　测试用例组 6(2)

测试用例	x,y,z	(x>100)and(y>500)	(x>=1000)or(z>5000)	执行路径
Test Case 1	2000,600,6000	True	True	ace
Test Case 8	50,200,2000	False	False	abd

9.1.5　条件组合覆盖

条件组合覆盖是指设计若干个测试用例,执行被测试程序时,程序中每个判断条件的内部判断式的各种真假组合可能都至少被执行一遍。可见,满足条件组合覆盖的测试用例组一定满足判断覆盖、条件覆盖和判断/条件覆盖。

测试用例组 7 如下。

Test Case 1：x=2000,y=600,z=6000

Test Case 6：x=50,y=600,z=6000

Test Case 7：x=2000,y=200,z=1000

Test Case 8：x=50,y=200,z=2000

如表 9-7(a)和表 9-7(b)所示,测试用例组 7 虽然满足了判断覆盖、条件覆盖以及判断/条件覆盖,但是并没有覆盖程序控制流图 9-1 中全部的 4 条路径(ace,abe,abe,abd),只覆盖了其中 3 条路径(ace,abe,abd)。软件测试的目的是尽可能地发现所有软件缺陷,因此程序中的每一条路径都应该进行相应的覆盖测试,从而保证程序中的每一个特定的路径方案都能顺利运行。能够达到这样要求的是路径覆盖测试。

表 9-7(a)　测试用例组 7(1)

测试用例	x,y,z	(x>100)	(y>500)	(x>=1000)	(z>5000)	执行路径
Test Case 1	2000,600,6000	True	True	True	True	ace
Test Case 6	50,600,6000	False	True	False	True	abe
Test Case 7	2000,200,1000	True	False	True	False	abe
Test Case 8	50,200,2000	False	False	False	False	abd

表 9-7(b)　测试用例组 7(2)

测试用例	x,y,z	(x>100)and(y>500)	(x>=1000)or(z>5000)	执行路径
Test Case 1	2000,600,6000	True	True	ace
Test Case 6	50,600,6000	False	True	abe
Test Case 7	2000,200,1000	False	True	abe
Test Case 8	50,200,2000	False	False	abd

9.1.6 路径覆盖

路径覆盖(Path Coverage)要求设计若干测试用例,执行被测试程序时,能够覆盖程序中所有的可能路径。

测试用例组 8 如下。

Test Case 1：x=2000,y=600,z=6000
Test Case 3：x=50,y=600,z=2000
Test Case 4：x=2000,y=600,z=2000
Test Case 7：x=2000,y=200,z=1000

如表 9-8(a) 和表 9-8(b)所示,测试用例组 8 可以达到路径覆盖。

表 9-8(a)　测试用例组 8(1)

测试用例	x,y,z	(x>100)	(y>500)	(x>=1000)	(z>5000)	执行路径
Test Case 1	2000,600,6000	True	True	True	True	ace
Test Case 3	50,600,2000	False	True	False	False	abd
Test Case 4	2000,600,2000	True	True	True	False	acd
Test Case 7	2000,200,1000	True	False	True	False	abe

表 9-8(b)　测试用例组 8(2)

测试用例	x,y,z	(x>100)and(y>500)	(x>=1000)or(z>5000)	执行路径
Test Case 1	2000,600,6000	True	True	ace
Test Case 3	50,600,2000	False	False	abd
Test Case 4	2000,600,2000	True	True	acd
Test Case 7	2000,200,1000	False	True	abe

上面 6 种覆盖测试方法所引用的公共程序只有 4 行,是一段非常简单的示例代码。然而在实际测试程序中,一个简短的程序,其路径数目是一个庞大的数字。要对其实现路径覆盖测试很难。所以,路径覆盖测试是相对的,尽可能把路径数量压缩到一个可承受范围内即可。

即便对某个简短的程序段做到路径覆盖测试,也不能保证源代码不存在其他软件问题。其他的软件测试手段也是必要的,它们之间相辅相成。没有一个测试方法能够找到所有软件缺陷,只能是尽可能多地查找软件缺陷。

9.2 路径分析测试

着眼于路径分析的测试称为路径分析测试。完成路径测试的理想情况是做到路径覆盖。路径覆盖也是白盒测试最典型的问题。独立路径选择和 Z 路径覆盖是两种常见的路径覆盖方法。

9.2.1 控制流图

白盒测试是针对软件产品内部逻辑结构进行的测试,测试人员必须对测试中的软件有深入的理解,包括其内部结构、各单元部分及之间的内在联系,还有程序运行原理等。因而这是一项庞大且复杂的工作。为了突出程序的内部结构,便于测试人员理解源代码,可以对程序流程图进行简化,生成控制流图(Control Flow Graph)。简化后的控制流图由节点和控制边组成。

控制流图有以下几个特点。

(1) 具有唯一入口节点,即源节点,表示程序段的开始语句。

(2) 具有唯一出口节点,即汇节点,表示程序段的结束语句。

(3) 节点由带有标号的圆圈表示,表示一个或多个无分支的源程序语句。

(4) 控制边由带箭头的直线或弧表示,代表控制流的方向。

常见的控制流图如图 9-2 所示。

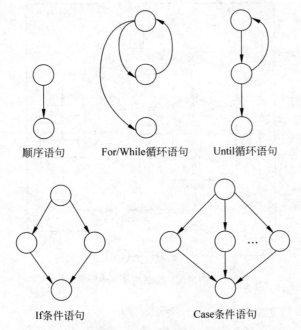

图 9-2 常见的控制流图

包含条件的节点称为判断节点,由判断节点发出的边必须终止于某一个节点。

程序的环路复杂性是一种描述程序逻辑复杂度的标准,该标准运用基本路径方法,给出了程序基本路径集中的独立路径条数,这是确保程序中每个可执行语句至少执行一次所必需的测试用例数目的上界。

给定一个控制流图 G,设其环形复杂度为 V(G),三种常见的计算 V(G) 的方法如下。

(1) $V(G) = E - N + 2$,其中 E 是控制流图 G 中边的数量,N 是控制流图中节点的数目。

(2) $V(G) = P + 1$,其中 P 是控制流图 G 中判断节点的数目。

(3) $V(G) = A$,其中 A 是控制流图 G 中区域的数目。由边和结点围成的区域叫作区域,当在控制流图中计算区域的数目时,控制流图外的区域也应记为一个区域。

9.2.2 独立路径测试

从前文的覆盖测试一节中可知,对于一个较复杂的程序要做到完全的路径覆盖测试是不可能实现的。既然无法实现完全的路径覆盖测试,那么可以对某个程序的所有独立路径进行测试,也就是检验程序的每一条语句,从而达到语句覆盖,这种测试方法就是独立路径测试方法。从控制流图来看,一条独立路径是至少包含有一条在其他独立路径中从未有过的边的路径。路径可以用控制流图中的节点序列来表示。例如,控制流图如图 9-3 所示。

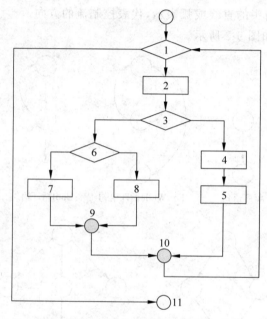

图 9-3 控制流图示例

图 9-3 中的一组独立路径如下。

路径 1:1→11

路径 2:1→2→3→4→5→10→1→11

路径 3:1→2→3→6→8→9→10→1→11

路径 4:1→2→3→6→7→9 —10→1→11

路径 1、路径 2、路径 3、路径 4 组成图 9-3 中控制流图的一个基本路径集。

白盒测试可以设计成基本路径集的执行过程。通常,基本路径集并不唯一确定。

独立路径测试的步骤包括以下 3 个方面。

(1) 导出程序控制流图。

(2) 求出程序环形复杂度。

(3) 设计测试用例(Test Case)。

下面通过一个 C 语言程序实例来具体说明独立路径测试的设计流程。这段程序是统计一行字符中有多少个单词,单词之间用空格分隔开。

程序 9-2：

```
1    main ()
2    {
3        int num1 = 0, num2 = 0, score = 100;
4        int i;
5        char str;
6        scanf ("%d, %c\n", &i, &str);
7        while (i < 5)
8        {
9            if (str = 'T')
10               num1++;
11           else if (str = 'F')
12           {
13               score = score - 10;
14               num2 ++;
15           }
16           i++;
17       }
18       printf ("num1 = %d, num2 = %d, score = %d\n", num1, num2, score);
19   }
```

1. 导出程序控制流图

根据源代码可以导出程序的控制流图，如图 9-4 所示。每个圆圈代表控制流图的节点，可以表示一个或多个语句。圆圈中的数字对应程序中某一行的编号。箭头代表边的方向，即控制流方向。

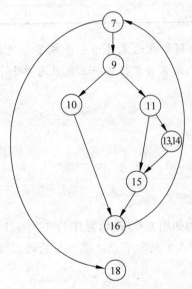

图 9-4　程序 9-2 的控制流图

2. 求出程序环形复杂度

根据程序环形复杂度的计算公式，求出程序路径集合中的独立路径数目。

公式 1：V(G)=10－8+2，其中 10 是控制流图 G 中边的数量，8 是控制流图中节点的数目。

公式 2：V(G)=3+1，其中 3 是控制流图 G 中判断节点的数目。

公式 3：V(G)=4，其中 4 是控制流图 G 中区域的数目。

因此，控制流图 G 的环形复杂度是 4，即至少需要 4 条独立路径组成基本路径集合，并由此得到能够覆盖所有程序语句的测试用例。

3. 设计测试用例

根据上面环形复杂度的计算结果，源程序的基本路径集合中有以下 4 条独立路径。

路径 1：7→18

路径 2：7→9→10→16→7→18

路径 3：7→9→11→15→16→7→18

路径 4：7→9→11→13→14→15→16→7→18

根据上述 4 条独立路径，设计出测试用例组 9，如表 9-9 所示。测试用例组 9 中的 4 个测试用例作为程序输入数据，能够遍历这 4 条独立路径。对于源程序中的循环体，测试用例组 9 中的输入数据使其执行零次或一次。

表 9-9 测试用例组 9

测试用例	输入		期望输出			执行路径
	i	str	num1	num2	score	
Test Case 1	5	'T'	0	0	100	路径 1
Test Case 2	4	'T'	1	0	100	路径 2
Test Case 3	4	'A'	0	0	100	路径 3
Test Case 4	4	'F'	0	1	90	路径 4

注意：如果程序中的条件判断表达式是由一个或多个逻辑运算符（OR、AND、NAND、NOR）连接的复合条件表达式，则需要变换为一系列只有单个条件的嵌套的判断。

程序 9-3：

```
1     if (a or b)
2     then
3        procedure x
4     else
5        procedure y;
6     ...
```

程序 9-3 对应的控制流图如图 9-5 所示，程序行 1 的 a、b 都是独立的判断节点，程序行 4 也是判断节点，所以共计 3 个判断节点。图 9-5 的环形复杂度为 V(G)=3+1，其中 3 是图 9-5 中判断节点的数目。

9.2.3 Z 路径覆盖测试

和独立路径选择一样，Z 路径覆盖也是一种常见的路径覆盖方法。Z 路径覆盖是路径覆盖的一种变体。对于语句较少的简单程序，路径覆盖具有可行性。但是对于源代码很多的复杂程序，或者对于含有较多条件语句和较多循环体的程序来说，需要测试的路径

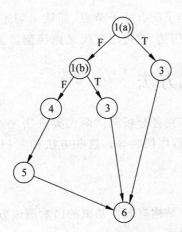

图 9-5　程序 9-3 的控制流图

数目会成倍增长,达到一个巨大数字,以至于无法实现路径覆盖。

为了解决这一问题,必须舍弃一些不重要的因素,简化循环结构,从而极大地减少路径的数量,使得覆盖这些有限的路径成为可能。采用简化循环方法的路径覆盖就是 Z 路径覆盖。

所谓简化循环,就是减少循环的次数。不考虑循环体的形式和复杂度如何,也不考虑循环体实际上需要执行多少次,只考虑通过循环体零次和一次这两种情况。这里的零次循环是指跳过循环体,从循环体的入口直接到循环体的出口。通过一次循环体是指检查循环初始值。

根据简化循环的思路,循环要么执行,要么跳过,这和判定分支的效果一样。可见,简化循环就是将循环结构转变成选择结构。

两种最典型的循环控制结构如图 9-6(a)和图 9-6(b)所示。图 9-6(a)是先比较循环条件后执行循环体,循环体 B 可能执行也可能不执行。限定图 9-6(a)中的循环体 B 执行零次和一次,这样就和图 9-6(c)的条件结构一样。图 9-6(b)是先执行循环体后比较循环条件。假设图 9-6(b)中的循环体 B 执行一次,在经过条件判断跳出循环,那么其效果就和图 9-6(c)的条件结构只执行右分支的效果一样。

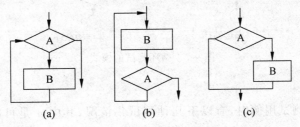

图 9-6　循环结构和条件结构

一旦将循环结构简化为选择结构后,路径的数量将大大减少,这样就可以实现路径覆盖测试。对于实现简化循环的程序,可以将程序用路径树来表示。当得到某一程序的路径树后,从其根节点开始,一次遍历,再回到根节点时,将所经历的叶节点名排列起来,就得到一个路径。如果已经遍历了所有叶子节点,那就得到了所有的路径。当得到所有的路径后,生成每个路径的测试用例,就可以实现 Z 路径覆盖测试。

9.3 其他白盒测试方法

白盒测试除了覆盖测试和路径分析测试两大类方法之外,还有很多其他常见的测试方法,如循环测试、变异测试、程序插装等。这些方法相辅相成,能够增强测试效果,提高测试效率。

9.3.1 循环测试

循环测试是一种着重循环结构有效性测试的白盒测试方法。循环结构测试用例的设计有以下 4 种模式,如图 9-7 所示。

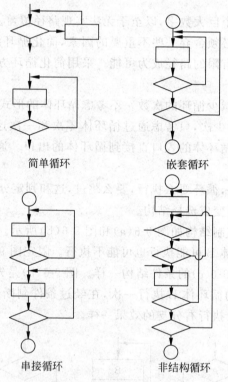

图 9-7 循环测试的模式

1. 简单循环

设计简单循环测试用例时,有以下几种测试集情况,其中 n 是可以通过循环体的最大次数。

(1) 零次循环:跳过循环体,从循环入口到出口。
(2) 通过一次循环体:检查循环初始值。
(3) 通过两次循环体:检查两次循环。
(4) m 次通过循环体($m<n$):检查多次循环。

(5) n、$n-1$、$n+1$ 次通过循环体：检查最大次数循环以及比最大次数多一次、少一次的循环。

2. 嵌套循环

如果采用简单循环中的测试集来测试嵌套循环，可能的测试数目会随着嵌套层数的增加成几何级的增长。由于无法实现这样的测试，所以，要减少测试数目。

(1) 对最内层循环按照简单循环的测试方法进行测试，把其他外层循环设置为最小值。

(2) 逐步外推，对其外面一层的循环进行测试。测试时保持本次循环的所有外层循环仍取最小值，而由本层循环嵌套的循环取某些"典型"值。

(3) 反复进行(2)中的操作，向外层循环推进，直到所有各层循环测试完毕。

3. 串接循环

如果串接循环的循环体之间彼此独立，那么采用简单循环的测试方法进行测试。如果串接循环的循环体之间有关联，例如前一个循环体的结果是后一个循环体的初始值，那么需要应用嵌套循环的测试方法进行测试。

4. 非结构循环

不能测试，重新设计出结构化的程序后再进行测试。

9.3.2 变异测试

变异测试是一种故障驱动测试，即针对某一类特定程序故障进行的测试，变异测试也是一种比较成熟的排错性测试方法。它可以通过检验测试数据集的排错能力来判断软件测试的充分性。

假设对程序 P 进行一些微小改动而得到程序 MP，程序 MP 就是程序 P 的一个变异体。

假设程序 P 在测试集 T 上是正确的，设计某一变异体集合：M＝{MP|MP 是 P 的变异体}，若变异体集合 M 中的每一个元素在 T 上都存在错误，则认为源程序 P 的正确度较高，否则若 M 中的某些元素在 T 上运行正确，则可能存在以下一些情况。

(1) M 中的这些变异体在功能上与源程序 P 是等价的。

(2) 现有的测试数据不足以找出源程序 P 与其变异体之间的差别。

(3) 源程序 P 可能产生故障，而其某些变异体却是正确的。

可见，测试集 T 和变异体集合 M 中的每一个变异体 MP 的选择都很重要，它们会直接影响变异测试的测试效果。

变异体是变异运算作用在源程序上的结果。被测试的源程序经过变异运算会产生一系列不同的变异体。例如，将数据元素用其他数据元素替代，将常量值增加或减少，改动数组分量，变换操作符，替换或删除某些语句等。

总之，对程序进行变换的方法多种多样，具体如何操作要靠测试人员的实际经验。通过变异分析构造测试数据集的过程是一个循环过程，当对源程序及其变异体进行测试后，若发现某些变异体并不理想，就要适当增加测试数据，直到所有变异体达到理想状态，即变异体集合中的每一个变异体在 T 上都存在错误。

9.3.3 程序插装

程序插装是借助在被测程序中设置断点或打印语句来进行测试的方法,在执行测试的过程中可以了解一些程序的动态信息。这样在运行程序时,既能检验测试的结果数据,又能借助插入语句给出的信息掌握程序的动态运行特性,从而把程序执行过程中所发生的重要事件记录下来。

设计程序插装时主要需要考虑以下三个方面的因素。

(1) 需要探测哪些信息。

(2) 在程序的什么位置设立插装点。

(3) 计划设置多少个插装点。

插装技术在软件测试中主要有以下三个应用。

(1) 覆盖分析。程序插装可以估计程序控制流图中被覆盖的程度,确定测试执行的充分性,从而设计更好的测试用例,提高测试覆盖率。

(2) 监控。在程序的特定位置设立插装点,插入用于记录动态特性的语句,用来监控程序运行时的某些特性,从而排除软件故障。

(3) 查找数据流异常。程序插装可以记录在程序执行中某些变量值的变化情况和变化范围。掌握了数据变量的取值状况,就能准确判断是否发生数据流异常。虽然可以用静态分析器来发现数据流异常,但是使用插装技术更经济、更简便,因为所有信息的获取是随着测试过程附带得到的。

9.4 白盒测试综合用例

实例 9-1 运用逻辑覆盖的方法测试程序。

程序 9-4:

```
1    If (x > 1 && y = 1) then
2        z = z * 2
3    If (x = 3 || z > 1) then
4        y++;
```

运用逻辑覆盖的方法设计测试用例组,如表 9-10 所示。

表 9-10 测试用例组 10

方法	测试用例组	执行路径
语句覆盖	$x=3, y=1, z=2$	1,2,3,4
判断覆盖	$x=3, y=1, z=2$ $x=1, y=1, z=1$	1,2,3,4 1,3
条件覆盖	$x=3, y=0, z=1$ $x=1, y=1, z=2$	1,3,4 1,3,4
判断/条件覆盖	$x=3, y=1, z=2$ $x=1, y=0, z=1$	1,2,3,4 1,3

续表

方　　法	测试用例组	执 行 路 径
条件组合覆盖	x=3,y=1,z=2 x=3,y=0,z=1 x=1,y=1,z=2 x=1,y=0,z=1	1,2,3,4 1,3,4 1,3,4 1,3
路径覆盖	x=3,y=1,z=2 x=3,y=0,z=1 x=2,y=1,z=1 x=1,y=1,z=1	1,2,3,4 1,3,4 1,2,3 1,3

实例 9-2 运用路径分析的方法测试程序。

程序 9-5：

```
1    main ()
2    {
3    int flag, t1, t2, a = 0, b = 0;
4    scanf ("%d, %d, %d\n", &flag, &t1, &t2);
5    while (flag > 0)
6    {
7    a = a + 1;
8    if (t1 = 1)
9    then
10   {
11    b = b + 1;
12    flag = 0;
13   }
14   else
15   {
16    if (t2 = 1)
17    then b = b - 1;
18    else a = a - 2;
19    flag - - ;
20   }
21   }
22   printf("a = %d, b = d%\n", a, b);
23   }
```

(1) 程序的流程图如图 9-8 所示。

(2) 程序的控制流图如图 9-9 所示，其中 R1、R2、R3 和 R4 代表控制流图的 4 个区域。R4 代表的是控制流图外的区域，也算作控制流图的一个区域。

(3) 运用路径分析的方法设计测试用例组。

① 根据程序环形复杂度的计算公式，求出程序路径集合中的独立路径数目。

公式 1：V(G)=11−9+2，其中 10 是控制流图 G 中边的数量，8 是控制流图中节点的数目。

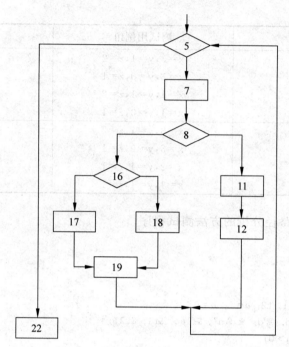

图 9-8 程序 9-5 的流程图

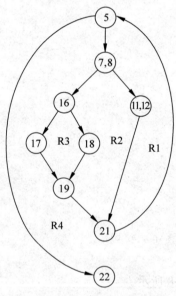

图 9-9 程序 9-5 的控制流图

公式 2：V(G)=3+1,其中 3 是控制流图 G 中判断节点的数目。

公式 3：V(G)=4,其中 4 是控制流图 G 中区域的数目。

因此,控制流图 G 的环形复杂度是 4。

② 根据上面环形复杂度的计算结果,源程序的基本路径集合中有 4 条独立路径。

路径1：5→22
路径2：5→7，8→11，12→21→5→22
路径3：5→7，8→16→17→19→21→5→22
路径4：5→7，8→16→18→19→21→5→22

③ 设计测试用例组11如表9-11所示。根据上述4条独立路径设计出这组测试用例，其中的4组数据能够遍历各个独立路径，满足路径分析测试的要求。

需要注意的是，对于源程序中的循环体，测试用例组11中的输入数据使其执行零次或一次。

表 9-11　测试用例组 11

测试用例	输入			期望输出		执行路径
	flag	t1	t2	a	b	
Test Case 1	0	1	1	0	0	路径1
Test Case 2	1	1	0	1	1	路径2
Test Case 3	1	0	1	1	−1	路径3
Test Case 4	1	0	0	−1	0	路径4

小结

白盒测试是基于被测程序的源代码设计测试用例的测试方法。常见的白盒测试方法有逻辑覆盖测试和路径分析测试两大类。

在逻辑覆盖测试中，按照覆盖策略由弱到强的严格程度，介绍了语句覆盖、判断覆盖、条件覆盖、判断/条件覆盖、条件组合覆盖和路径覆盖六种覆盖测策略。

(1) 语句覆盖：每个语句至少执行一次。

(2) 判定覆盖：在语句覆盖的基础上，每个判定的每个分支至少执行一次。

(3) 条件覆盖：在语句覆盖的基础上，使每个判定表达式的每个条件都取到各种可能的结果。

(4) 判定/条件覆盖：即判定覆盖和条件覆盖的交集。

(5) 条件组合覆盖：每个判定表达式中条件的各种可能组合都至少出现一次。

(6) 路径覆盖：每条可能的路径都至少执行一次，若图中有环，则每个环至少经过一次。

在路径分析测试中，介绍了独立路径测试和Z路径覆盖测试两种常用方法。

(1) 独立路径测试方法把覆盖的路径数压缩到一定限度内，程序中的循环体最多只执行一次，对程序中所有独立路径进行测试。它是在程序控制流图的基础上，分析控制构造的环路复杂性，导出基本可执行路径集合，设计测试用例的方法。设计出的测试用例要保证程序的每一个可执行语句至少要执行一次。

(2) Z路径覆盖测试是指采用简化循环的方法进行路径覆盖测试。被测源程序中的循环体执行零次或一次。

最后，介绍了其他一些白盒测试方法。循环测试是一种着重循环结构有效性测试的测试方法。变异测试是一种故障驱动测试,针对某一类特定程序故障进行的测试。程序插装是借助在被测程序中设置断点或打印语句来进行测试的方法,在执行测试的过程中可以了解一些程序的动态信息。

习题

1. 阐述白盒测试的各种方法,进行分析总结。
2. 分析归纳逻辑覆盖测试 6 种覆盖策略各自的特点。
3. 简述独立路径测试的基本步骤。
4. 对下列 C 语言程序设计逻辑覆盖测试用例。

```
Void test( int X, int A, int B)
{
  If (A > 1 && B = 0) then
  X = X/A
  If (A = 2 || X > 1) then
  X = X + 1;
}
```

第 10 章

Web 测试

本章概要

Web 测试是面向因特网 Web 页面的测试。因特网网页是由文字、图形、声音、视频和超链接等组成的文档。网络客户端用户通过浏览器搜索浏览所需要的信息资源。

针对 Web 这一特定类型软件的测试,涉及许多测试技术,如功能测试、压力/负载测试、配置测试、兼容性测试、安全性测试等。Web 测试可能采用黑盒测试、白盒测试、静态测试和动态测试。

10.1 Web 测试概述

Web 测试是一项重要、复杂且有难度的工作。Web 测试相对于非 Web 测试更具挑战性,用户对 Web 页面质量有很高的期望。Web 测试与传统的软件测试不同,它不但需要检查和验证 Web 是否按照项目所要求的正常运行,而且要测试系统在不同用户的浏览器端显示是否合适。另外,还要从最终用户的角度进行安全性和可用性测试。

针对 Web 的测试方法应该尽量覆盖 Web 网站的各个方面,在测试技术方面要在继承传统测试技术的基础上结合 Web 应用的特点。

通常 Web 测试的内容包含以下几个方面。

(1) 功能测试。

(2) 性能测试。

(3) 安全性测试。

(4) 可用性/易用性测试。

(5) 配置和兼容性测试。

(6) 数据库测试。

(7) 代码合法性测试。

(8) 完成测试。

在实际中,Web 网页各种各样,Web 测试应当针对具体情况选用不同的测试方法和技术。例如,一个典型的 Web 网页如图 10-1 所示,该 Web 网页具有各种可测试特性。

一个简单的网站首页如图 10-2 所示,该页面界面直观,仅由文字、图片和超链接组成,测试起来并不困难。

图 10-1 一个典型的 Web 网页

图 10-2 一个简单的 Web 网页

本章将从功能测试、性能测试、安全性测试、可用性/易用性测试、配置和兼容性测试、数据库测试、代码合法性测试和完成测试几个方面讨论 Web 的测试方法。

10.2 功能测试

功能测试是 Web 测试的重点,在实际的测试工作中,功能在每一个系统中都具有不确定性,测试人员不可能采用穷举的方法进行测试。测试工作的重心在于 Web 站点的功能是否符合需求分析的各项要求。

对于网站的测试而言,每一个独立的功能模块都需要设计相应的测试用例进行测试。功能测试的主要依据为网站的需求规格说明书及详细设计说明书。对于应用程序模块则要采用基本路径测试法的测试用例进行测试。

功能测试主要包括:内容测试、链接测试、表单测试、Cookies 测试、设计语言测试。

10.2.1 页面内容测试

页面内容测试用来检测 Web 应用系统提供信息的正确性、准确性和相关性。

1. 正确性

信息的正确性是指信息是真实可靠的还是虚假的。例如,一条虚假的新闻报道可能产生不良的社会影响,甚至会让公司陷入麻烦或遇到法律方面的问题。

2. 准确性

信息的准确性是指网页文字表述是否符合语法逻辑或者是否有拼写错误。在 Web 应用系统开发的过程中,开发人员可能不是特别注重文字表达,有时文字的改动只是为了页面布局的美观。但这种现象恰恰会产生严重的误解。因此测试人员需要检查页面内容的文字表达是否恰当。通常可使用一些文字处理软件来进行这种测试,例如使用 Microsoft Word 的"拼音与语法检查"功能。但仅仅利用软件进行自动测试还不够,还需要人工测试文本内容。

另外,测试人员应该保证 Web 网站看起来更专业。过多地使用粗斜体、大号字体和下画线可能会让人感到不舒服,一篇到处是大字体的文章会降低用户的阅读兴趣。

3. 相关性

信息的相关性是指能否在当前页面找到可以与当前浏览信息相关的信息列表或入口,也就是一般 Web 网站中的"相关文章列表"。测试人员需要确定是否列出了相关内容的站点链接。如果用户无法单击这些地址,他们可能会觉得很疑惑。

页面文本测试还应该包括文字标签的测试,它为网页上的图片提供特征描述。一个文字标签的网页如图 10-3 所示,当用户把鼠标移动到网页的某些图片上时,就会立即弹出关于图片的说明。

大多数浏览器都支持文字标签的显示,借助文字标签,用户可以很容易地了解图片的语义信息。进行页面内容测试时,如果整个页面充满图片,却没有任何文字标签说明,就会影响用户的浏览效果。

10.2.2 页面超链接测试

超链接是使用户可以从一个页面浏览到另一个页面的主要手段,是 Web 应用系统的

图 10-3　网页中的文字标签

一个主要特征,它是在页面之间切换和指导用户跳转到一些不知道网页地址的页面的主要手段。超链接测试需要验证以下三个问题。

(1) 用户单击超链接是否可以顺利地打开所要浏览的内容,即超链接是否按照指示的那样确实链接到了要链接的页面。

(2) 所要超链接的页面是否存在。实际上,很多不规范的小型站点,其内部超链接都是空的。

(3) 保证 Web 应用系统上没有孤立的页面,所谓孤立页面是指没有超链接指向该页面,只有知道正确的 URL 地址才能访问。

超链接对于网站用户而言意味着能不能流畅地使用整个网站提供的服务,因而超链接将作为一个独立的项目进行测试。另外,超链接测试必须在集成测试阶段完成,即在整个 Web 应用系统的所有页面开发完成之后再进行链接测试。

目前,超链接测试采用自动检测网站超链接的软件来进行,已经有许多自动测试工具可以采用。如 Xenu Link Sleuth,主要测试超链接的正确性,但是对于动态生成的页面的测试会出现一些错误。

页面测试链接和界面测试中的连接不同,前者注重功能,后者更注重连接方式和位置。页面测试链接更注重是否有超链接,超链接的页面是否是说明的位置等。

10.2.3 表单测试

当用户向 Web 应用系统管理员提交信息时,需要使用表单,例如用户注册、登录、信息提交等。表单测试主要是模拟表单提交过程,检测其准确性。

表单测试主要考虑以下几个方面的内容。

(1) 表单提交应当模拟用户提交过程,验证是否完成某项功能,如注册信息,要确保提交按钮能正常工作,注册完成后应返回注册成功的消息。

(2) 要测试提交操作的完整性,以校验提交给服务器的信息的正确性。例如:个人信息表中,用户填写的出生日期与职称是否恰当,填写的所属省份与所在城市是否匹配等。如果使用了默认值,还要检验默认值的正确性。如果表单只能接受指定的某些值,则也要进行测试。例如:表单只能接受某些字符,测试时可以输入这些字符之外的字符,看系统是否会报错。

(3) 使用表单收集配送信息时,应确保程序能够正确处理这些数据。要测试这些程序,需要验证服务器能正确保存这些数据,而且后台运行的程序能正确解释和使用这些信息。

(4) 要验证数据的正确性和异常情况的处理能力等,注意是否符合易用性要求。

(5) 在测试表单时,会涉及数据校验问题。如果根据已定规则需要对用户输入进行校验,需要保证这些校验功能正常工作。例如,省份的字段可以用一个有效列表进行校验。在这种情况下,需要验证列表完整而且程序正确调用了该列表(例如在列表中添加一个测试值,确定系统能够接受这个测试值)。

提交数据,处理数据等如果有固定的操作流程可以考虑自动化测试工具的录制功能,编写可重复使用的脚本代码,可以在测试、回归测试时运行以便减轻测试人员工作量。

基于 Web 的在线考试系统的考试管理页面如图 10-4 所示,用户填写信息,提交后完成考试科目的设定。

注意:本章后面的测试用例都将以基于 Web 的在线考试系统为实例进行设计,下文将不再重复说明。

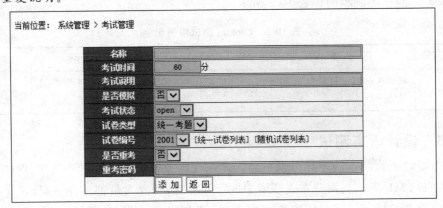

图 10-4 考试管理页面表单示例

图 10-4 的表单测试用例如表 10-1 所示。

表 10-1 考试管理页面表单测试用例示例

测试用例号	操作描述	数据	期望结果	实际结果
10.1	使用 Tab 键从一个字段区跳到下一个字段区	开始字段区=	字段按正确的顺序移动	一致/不一致
10.2	输入字段所能接受的最长的字符串	字段名= 字符串=	字段区能够接受输入	一致/不一致
10.3	输入超出字段所能接受的最大长度的字符串	字段名= 字符串=	字段区拒绝接受输入的字符	一致/不一致
10.4	在某个可选字段区中不填写内容,提交表单	字段名=	在用户正确填写其他字段区的前提下,Web 程序接受表单	一致/不一致
10.5	在一个必填字段区中不填写内容,提交表单	字段名=	表单页面弹出信息,要求用户必须填写必填字段区的信息	一致/不一致

10.2.4 Cookies 测试

Cookies 通常用来存储用户信息和用户在某个应用系统的操作,当用户使用 Cookies 访问了某一个应用系统时,Web 服务器将发送关于该用户的信息,把该信息以 Cookies 的形式存储在客户端计算机上,这可以用来创建动态和自定义页面或者存储登录等信息。关于 Cookies 的使用可以参考浏览器的帮助信息。如果使用 B/S 结构,Cookies 中存放的信息更多。

如果 Web 应用系统使用了 Cookies,测试人员需要对其进行检测。测试的内容可包括 Cookies 是否起作用,是否按预定的时间进行保存,刷新对 Cookies 有什么影响等。如果在 Cookies 中保存了注册信息,请确认该 Cookies 能够正常工作而且已对这些信息加密。如果使用 Cookies 来统计次数,需要验证次数累计是否正确。

Cookies 测试用例示例如表 10-2 所示。

表 10-2 Cookies 测试用例示例

测试用例号	操作描述	数据	期望结果	实际结果
10.6	测试 Cookies 打开和关闭状态	Web 网页=	Cookies 在打开时是否起作用	一致/不一致

10.2.5 设计语言测试

Web 设计语言版本的差异可以引起客户端或服务器端的一些严重问题,例如使用哪种版本的 HTML 等。当在分布式环境中进行开发时,开发人员都不在一起,这个问题就显得尤为重要。除了 HTML 的版本问题外,不同的脚本语言,例如 Java、JavaScript、ActiveX、VBScript 或 Perl 等也要进行验证。

10.3 性能测试

网站的性能测试对网站的运行非常重要,目前多数测试人员都很重视网站的性能测试。

网站的性能测试主要从负载测试、压力测试和连接速度测试三个方面进行。

负载测试指的是进行一些边界数据的测试;压力测试更像是恶意测试,压力测试倾向使整个系统崩溃;连接速度测试指的是打开网页的响应速度测试。

10.3.1 负载测试

测试需要验证 Web 系统能否在同一时间响应大量的用户,在用户传送大量数据的时候能否响应,系统能否长时间运行。可访问性对用户来说极其重要。如果用户得到"系统忙"的信息,他们可能放弃,并转向竞争对手。这样就需要进行负载测试。

负载测试是为了测量 Web 系统在某一负载级别上的性能,以保证 Web 系统在需求范围内能正常工作。负载级别可以是某个时刻同时访问 Web 系统的用户数量,也可以是在线数据处理的数量。

负载测试包括:Web 应用系统能允许多少个用户同时在线;如果超过了这个数量,会出现什么现象;Web 应用系统能否处理大量用户对同一个页面的请求。

负载测试的作用是在软件产品投向市场以前,通过执行可重复的负载测试,预先分析软件可以承受的并发用户的数量极限和性能极限,以便更好地优化软件。

负载测试应该安排在 Web 系统发布以后,在实际的网络环境中进行测试。因为一个企业内部员工的数量,特别是项目组人员的数量有限,而一个 Web 系统能同时处理的请求数量将远远超出这个限度,所以,只有将系统放在 Internet 上,接受负载测试,其结果才是正确可信的。

Web 负载测试一般使用自动化工具来进行。

10.3.2 压力测试

系统检测不仅要使用户能够正常访问站点,在很多情况下,可能会有黑客试图通过发送大量数据包来攻击服务器。出于安全的原因,测试人员应该知道当系统过载时,需要采取哪些措施,而不是简单地提升系统性能。这就需要进行压力测试。

进行压力测试是指实际破坏一个 Web 应用系统,测试系统的反映。压力测试是测试系统的限制和故障恢复能力,也就是测试 Web 应用系统会不会崩溃,在什么情况下会崩溃。黑客常常提供错误的数据负载,通过发送大量数据包来攻击服务器,直到 Web 应用系统崩溃,接着当系统重新启动时获得存取权。无论是利用预先写好的工具,还是创建一个完全专用的压力系统,压力测试都是用于查找 Web 服务(或其他任何程序)问题的本质方法。

压力测试的区域包括表单、登录和其他信息传输页面等,基于 Web 的在线考试系统的压力测试数据如图 10-5 所示。

负载/压力测试应该关注的问题如下。

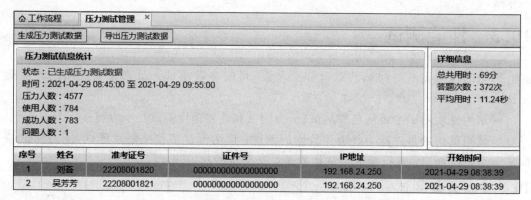

图 10-5　在线考试系统的压力测试数据

1. 瞬间访问高峰

例如电视台的 Web 站点，如果某个收视率极高的电视选秀节目正在直播并进行网上投票，那么最好使系统在直播的这段时间内能够响应上百万上千万的请求。负载测试工具能够模拟 X 个用户同时访问测试站点。

2. 每个用户传送大量数据

例如网上购物过程中，一个终端用户一次性购买大量的商品。或者节日里，一个客户网上派送大量礼物给不同的终端用户等。系统都要有足够能力能处理单个用户的大量数据。

3. 长时间的使用

Web 站点提供基于 Web 的 E-mail 服务具有长期性，其对应的测试就属于长期性能测试，需要使用自动测试工具来完成这种类型的测试，因为很难通过手工完成这些测试。可以组织 100 个人同时打开某个站点，但是同时组织 100000 个人打开某个站点就不现实。通常，在第二次使用测试工具的时候，它所创造的效益足以支付其成本。而且，测试工具安装完成之后，再次使用很简单。

负载/压力测试需要利用一些辅助工具对 Web 网站进行模拟测试。例如，模拟大的客户访问量；记录页面执行效率，从而检测整个系统的处理能力。目前，常用的负载/压力测试工具有 WinRunner、LoadRunner、Webload 等，用它们可进行自动化测试。

10.3.3　连接速度测试

连接速度测试是对打开网页的响应速度的测试。

用户连接到 Web 应用系统的速度根据上网方式的变化而变化，比如电话拨号或者宽带。当下载一个程序时，用户可以等待较长的时间，但如果仅仅访问一个页面，用户不愿意等太长时间。如果 Web 系统响应时间太长（例如超过 10 秒钟），用户就会因没有耐心等待而离开。

另外，有些页面有超时的限制，如果响应速度太慢，用户可能还没来得及浏览内容，就需要重新登录。而且，连接速度太慢，还可能引起数据丢失，使用户得不到真实的页面。

作为在线考试系统，连接速度测试尤为重要，其测试用例如表 10-3 所示。

表 10-3 在线考试系统连接速度测试用例示例

测试用例号	操作描述	数据	期望结果	实际结果
10.7	1. 提交一个完整的考生录入 2. 记录提交到确认的响应时间 3. 重复上述操作 5 次	录入的考生=	记录最小、最大和平均响应时间,同时满足系统的性能要求	一致/不一致
10.8	1. 查找一名考生 2. 记录查找的响应时间 3. 重复上述操作 5 次	查询=	记录最小、最大和平均响应时间,同时满足系统的性能要求	一致/不一致
10.9	1. 试题间切换 2. 记录的响应时间 3. 重复上述操作 20 次	试题=	记录最小、最大和平均响应时间,同时满足系统的性能要求	一致/不一致

10.4 安全性测试

随着 Internet 地广泛使用,网上交费、电子银行等深入人们的生活。网络安全问题日益重要,特别是有交互信息的网站及进行电子商务活动的网站。站点涉及银行信用卡支付问题,用户资料信息保密问题等。Web 页面随时会传输这些重要信息,所以一定要确保站点的安全性。一旦用户信息被黑客捕获,客户在进行交易时,就没有安全感,甚至会产生严重后果。

1. 目录设置

Web 安全的第一步是正确设置目录。目录安全是 Web 安全性测试中不可忽略的问题。如果 Web 程序或 Web 服务器处理不当,通过简单的 URL 替换和推测,会将整个 Web 目录暴露给用户,这样会造成 Web 的安全性隐患。每个目录下应该有 index.html 或 main.html 页面,或者严格设置 Web 服务器的目录访问权限,这样就不会显示该目录下的所有内容,从而提高安全性。

2. SSL

很多站点使用 SSL(Security Socket Layer)安全协议传送数据。

SSL 表示安全套接字协议层,是由 Netscape 首先发表的网络数据安全传输协议。SSL 利用公开密钥/私有密钥的加密技术,在位于 HTTP 层和 TCP 层之间,建立用户和服务器之间的加密通信,从而确保所传送信息的安全性。

任何用户都可以获得公共密钥来加密数据,但解密数据必须通过对应的私人密钥。SSL 工作在公共密钥和私人密钥基础上。

若用户进入到一个 SSL 站点是因为浏览器出现了警告消息,而且地址栏中的 HTTP 会变成 HTTPS。如果开发部门使用了 SSL,测试人员需要确定是否有相应的替代页面,适用于 IE 3.0 以下版本的浏览器,这些浏览器不支持 SSL。当用户进入或离开安全站点的时候,需确认有相应的提示信息。做 SSL 测试时,需要确认是否有连接时间限制,超过限制时间后会出现什么情况等。

3. 登录

很多站点需要用户先注册,后登录使用,从而校验用户名和匹配的密码,以验证用户身份,阻止非法用户登录,如图 10-6 所示。注册方便用户使用,不需要每次都输入个人资料。

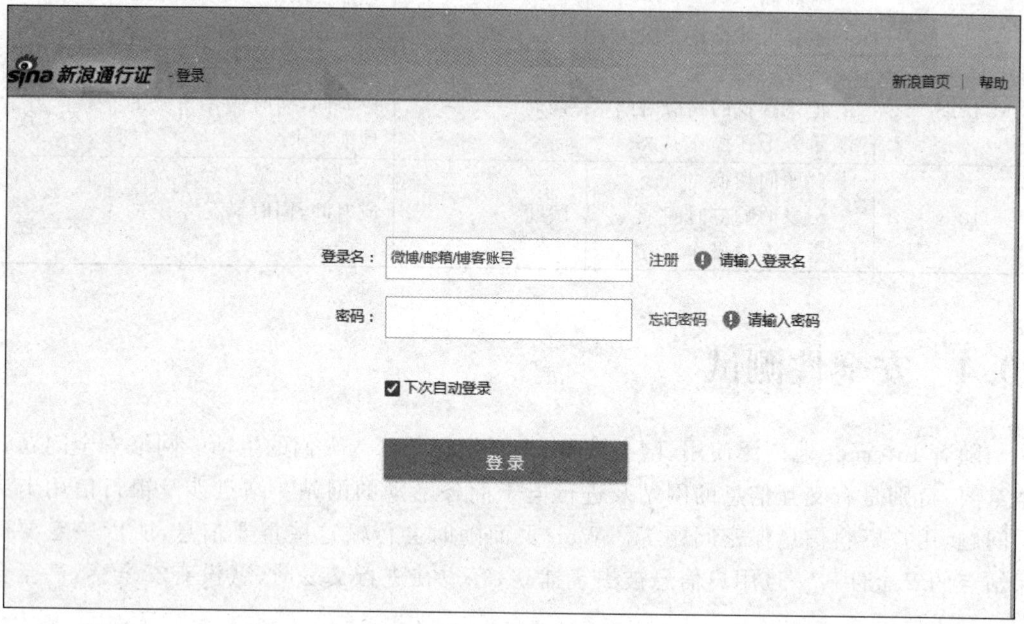

图 10-6 用户登录设置

测试人员需要验证系统阻止非法的用户名/口令登录,而能够通过有效登录。主要的测试内容有以下几个方面。

(1) 用户名和输入密码是否大小写敏感。

(2) 测试有效和无效的用户名和密码。

(3) 测试用户登录是否有次数限制,是否限制从某些 IP 地址登录。

(4) 假设允许登录失败的次数为 3 次,那么在用户第三次登录的时候输入正确的用户名和口令,是否能通过验证。

(5) 口令选择是否有规则限制。

(6) 哪些网页和文件需要登录才能访问和下载。

(7) 是否可以不登录而直接浏览某个页面。

(8) 测试 Web 应用系统是否有超时限制,即用户登录后在一定时间内(例如 15 分钟)没有单击任何页面,是否需要重新登录才能正常使用。

4. 日志文件

为了保证 Web 应用系统的安全性,日志文件至关重要。测试人员需要测试相关信息是否写进了日志文件、是否可追踪。

在后台,要注意验证服务器日志工作正常。主要的测试内容有以下几个方面。

(1) 日志是否记录所有的事务处理。
(2) CPU 的占有率是否很高。
(3) 是否有例外的进程占用。
(4) 是否记录失败的注册企图。
(5) 是否记录被盗信用卡的使用。
(6) 是否在每次事务完成的时候都进行保存。
(7) 是否记录 IP 地址。
(8) 是否记录用户名等。

5．脚本语言

脚本语言是常见的安全隐患。每种语言的细节有所不同。有些脚本允许访问根目录，其他脚本只允许访问邮件服务器。但是有经验的黑客可以利用这些缺陷，将服务器用户名和口令发送给他们自己，从而攻击和使用服务器系统。

测试人员需要找出站点使用了哪些脚本语言，并研究该语言的缺陷。

服务器端的脚本常常构成安全漏洞，这些漏洞又常常被黑客利用。所以，还需要检验没有经过授权，就不能在服务器端放置和编辑脚本的问题。最好的办法是订阅一个讨论站点使用的脚本语言安全性的新闻组。

6．加密

当使用了 SSL 时，还要测试加密是否正确，检查信息的完整性。

10.5 可用性/可靠性测试

Web 的可用性/可靠性方面一般采用手工测试的方法进行评判，可用性测试内容包括导航测试、Web 图形测试和图形用户界面测试等。

10.5.1 导航测试

导航描述了用户在一个页面内操作的方式，在不同的用户接口控制之间，例如按钮、对话框、列表和窗口等；或在不同的连接页面之间。

导航测试的主要测试目的是检测一个 Web 应用系统是否易于导航，具体内容包括：导航是否直观；Web 系统的主要部分是否可通过主页存取；Web 系统是否需要站点地图、搜索引擎或其他的导航帮助。

在一个页面上放置太多信息往往会起到与预期相反的效果。Web 应用系统的用户趋向于目的驱动，用户会很快地扫描一个 Web 应用系统，看是否有满足自己需要的信息，如果没有，就会很快地离开。很少有用户愿意花时间去熟悉 Web 应用系统的结构，因此，Web 应用系统导航帮助要尽可能地准确。

导航的另一个重要方面是 Web 应用系统的页面结构、导航、菜单、连接的风格是否一致。确保用户凭直觉就知道 Web 应用系统里面是否还有内容，内容在什么地方。Web 应用系统的层次一旦决定，就要着手测试用户导航功能，应该让最终用户参与这种测试，提高测试质量。导航测试实例如表 10-4 所示。

表 10-4　在线考试系统导航测试用例示例

测试用例号	操作描述	数　据	期望结果	实际结果
10.10	考生管理执行一个搜索,至少搜索到 10 项相关考生信息	查询=	搜索结果有 10 个或 10 个以上的相关考生信息,在没有到达搜索列表页面底部时,前面的考生列表滚动出屏幕,后面的考生不断从屏幕下方出现	一致/不一致
10.11	在考生答题页面选择不同的试题标签	试题=	试题页面正确跳转到对应答题界面	一致/不一致

10.5.2　Web 图形测试

在 Web 应用系统中,适当的图片和动画既能起到广告宣传的作用,又能起到美化页面的功能。一个 Web 应用系统的图形可以包括图片、动画、边框、颜色、字体、背景、按钮等。图形测试的内容有以下几个方面。

(1) 要确保图形有明确的用途,图片或动画不要随意堆在一起,以免浪费传输时间。Web 应用系统的图片尺寸要尽量小,并且要能清楚地说明某件事情,一般都链接到某个具体的页面。

(2) 验证所有页面字体的风格是否一致。

(3) 背景颜色应该与字体颜色和前景颜色相搭配。通常来说,应当使用少许或尽量不使用背景。如果想使用背景,最好使用单色背景,和导航条一起放在页面的左边。另外,图案和图片可能会转移用户的注意力。

(4) 图片的大小和质量也是一个很重要的因素,图片一般采用 JPG 或 GIF 压缩,最好能使图片的大小减小到 30KB 以下。

(5) 验证文字回绕是否正确。如果说明文字指向右边的图片,应该确保该图片出现在右边。不要因为使用图片而使窗口和段落排列错乱或者出现孤行。

(6) 图片能否正常加载,用来检测网页的输入性能好坏。如果网页中有太多图片或动画插件,将会导致传输和显示的数据量巨大、减慢网页的输入速度,有时会影响图片的加载。

网页无法载入图片时,就会在其显示位置上显示错误提示信息,如图 10-7 所示。

在线考试系统的 Web 图形测试用例如表 10-5 所示。

表 10-5　在线考试系统的 Web 图形测试用例示例

测试用例号	操作描述	数　据	期望结果	实际结果
10.12	查看图形/图像	页面= 浏览器=	在选择的浏览器中,图形/图像显示正确	一致/不一致

10.5.3　图形用户界面(GUI)测试

现在一般人都有使用浏览器浏览网页的经历,界面对不懂技术的用户来说非常重要,所以界面测试也很关键。

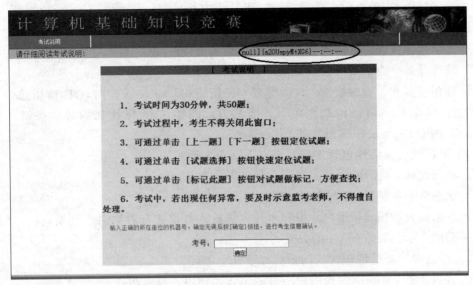

图 10-7　在线考试系统网页无法载入图片的提示信息

1. 整体界面测试

整体界面是指整个 Web 应用系统的页面结构设计。例如：当用户浏览 Web 应用系统时是否感到舒适，是否凭直觉就知道要找的信息在什么地方。整个 Web 应用系统的设计风格是否一致等。

对整体界面的测试过程，其实是一个对最终用户进行调查的过程。一般 Web 应用系统采取在主页上做调查问卷的形式，来得到最终用户的反馈信息。因此整体界面测试需要外部人员参加，特别是终端用户的参与。

2. 界面测试要素

界面测试要素主要包括：直观性、一致性、灵活性、舒适性等。

（1）直观性。直观性包含的问题有以下几个方面。

① 用户界面是否洁净、不奇怪、不拥挤，界面不应该为用户制造障碍。所需功能或者期待的响应应该明显，并在预期的地方出现。

② 界面组织和布局是否合理。

③ 是否允许用户轻松地从一个功能转到另一个功能。

④ 下一步做什么是否明显。

⑤ 是否任何时刻都可以决定放弃或者退回、退出。

⑥ 输入是否得到承认。

⑦ 菜单或者窗口是否不易被发现。

⑧ 是否有多余功能。

⑨ 软件整体或局部是否做得太多。

⑩ 是否有太多特性把工作复杂化。

⑪ 是否感到信息太庞杂。

⑫ 如果其他所有努力失败，帮助系统能否帮忙。

(2) 一致性。一致性包含的问题有以下几个方面。

① 快速键和菜单选项：在 Windows 中按 F1 键总是得到帮助信息。

② 术语和命令：整个软件是否使用同样的术语，特性命名是否一致。

③ 软件是否一直面向同一级别用户。

④ 按钮位置和等价的按键：对话框有 OK 按钮和 Cancle 按钮时，OK 按钮总是在上方或者左方，而 Cancle 按钮总是在下方或右方。同样，Cancle 按钮的等价按键通常是 Esc，而选中按钮的等价按键通常是 Enter。

(3) 灵活性。灵活性包含的问题有以下几个方面。

① 状态跳转：灵活的软件实现同一任务有多种选择方式。

② 状态终止和跳过，具有容错处理能力。

③ 数据输入和输出：用户希望有多种方法输入数据和查看结果。例如，在写字板插入文字可用键盘输入或者粘贴的方式实现。

(4) 舒适性。舒适性包含的问题有以下几个方面。

① 恰当：软件外观应该与用户所做的工作和使用者身份相符。

② 错误处理：程序应该在用户执行严重错误的操作之前提出警告，并允许用户恢复由于错误操作而丢失的数据。如 undo/redo 功能。

③ 性能：速度快不一定是好事。要让用户看清程序在做什么。

3. 界面测试内容

用户界面测试主要包括以下几个方面的内容。

(1) 站点地图和导航条。测试站点地图和导航条位置是否合理、是否可以导航等。页面内容布局是否合理，滚动条设计是否合理。

确认测试的站点是否有地图。新用户在网站中可能会迷失方向，站点地图或导航条可以引导用户进行浏览。需要验证站点地图是否正确。确认地图上的链接是否确实存在。地图有没有包括站点上的所有链接。

(2) 使用说明。说明文字是否合理，位置是否正确。应该确认站点有使用说明。即使网站很简单，使用说明也能帮助用户更方便地使用网站。测试人员需要测试说明文档，验证说明是正确的。还可以根据说明进行操作，确认出现预期的结果。

(3) 背景/颜色。背景/颜色是否正确、美观，是否符合用户需求。由于 Web 日益流行，很多人把它看作图形设计作品。有些开发人员对新的背景颜色更感兴趣，以至于忽略了这种背景颜色是否易于浏览。例如在紫色图片的背景上显示黄色的文本。这种页面显得"非常高贵"，但是不便于浏览。通常来说，应当使用少许或尽量不使用背景。如果想使用背景，最好使用单色背景，和导航条一起放在页面的左边。另外，图案和图片可能会转移用户的注意力。

(4) 图片。无论作为屏幕的聚焦点或作为指引的小图标，一张图片都胜过千言万语。图片传递的信息相较文字更加直观。但是，带宽对客户端或服务器都非常宝贵，所以要注意节约使用内存。

图片的相关测试内容如下。

① 保证图片有明确用途：是否所有的图片对所在的页面都是有价值的，还是只是浪

费带宽。

② 图片的大小和质量：图片是否使用了.GIF、.JPG的文件格式。是否能使图片的大小减小到30KB以下。

③ 所有图片能否正确载入和显示：通常，不要将大图片放在首页，因为这样可能会使用户放弃下载首页。如果用户可以很快看到首页，他可能会浏览站点，否则可能放弃。

④ 背景颜色是否和字体颜色以及前景颜色相适宜。

(5) 表格测试的相关内容如下。

① 需要验证表格是否设置正确。

② 用户是否需要向右滚动页面才能看见产品的价格。

③ 把价格放在左边，而把产品细节放在右边是否更有效。

④ 每一栏的宽度是否足够宽，表格里的文字是否都有折行。

⑤ 是否有因为某一单元格的内容太多，而将整行的内容拉长。

表格测试用例示例如表10-6所示。

表 10-6 表格测试用例示例

测试用例号	操作描述	数　据	期望结果	实际结果
10.13	查看表格	表格＝ 浏览器＝	在选择的浏览器中，表格显示正确	一致/ 不一致

(6) 回绕。需要验证文字回绕是否正确。如果说明文字指向右边的图片，应该确保图片出现在右边。不要因为使用图片而使窗口和段落排列错乱或者出现孤行。

另外，测试内容还包括测试页面在窗口中的显示是否正确、美观（在调整浏览器窗口大小时，屏幕刷新是否正确）。表单样式、大小和格式是否对提交数据进行验证（如果在页面部分进行验证的话）等。链接的形式位置，是否易于理解等。

10.5.4 可靠性测试

可靠性测试很容易理解，在线考试系统的可靠性测试如表10-7所示。

表 10-7 在线考试系统可靠性测试用例示例

测试用例号	操作描述	数　据	期望结果	实际结果
10.14	在考生页面上提交试题答案	试题＝	试题答案都能成功提交，系统速度正常、性能稳定	一致/ 不一致
10.15	利用自动测试工具，每30秒钟提交一个试题答案	试题1＝ 试题2＝ 试题3＝ 试题4＝ 试题5＝ ⋮ 试题 N＝	每个试题答案都能成功提交，系统速度正常、性能稳定	一致/ 不一致

续表

测试用例号	操作描述	数 据	期 望 结 果	实际结果
10.16	10个考生一起登录,并同时提交试题答案	用户1= 用户2= 用户3= 用户4= ⋮ 用户10=	每个用户都能在同一时间成功提交	一致/ 不一致

10.6 配置和兼容性测试

需要验证应用程序可以在用户使用的机器上运行。如果用户是全球范围的,需要测试各种操作系统、浏览器、视频设置和调制解调器的速度。最后,还要尝试测试各种设置的组合。

1. 平台测试

市场上有很多不同的操作系统类型,最常见的有 Windows、UNIX、Linux 等。Web 应用系统的最终用户究竟使用哪一种操作系统,取决于用户系统的配置。这样,就可能会发生兼容性问题,同一个应用可能在某些操作系统下能正常运行,但在另外的操作系统下可能会运行失败。

因此,在 Web 系统发布之前,需要在各种操作系统下对 Web 系统进行兼容性测试。

2. 浏览器测试

浏览器是 Web 客户端的核心构件,来自不同厂商的浏览器对 Java、JavaScript、ActiveX 或不同的 HTML 规格有不同的支持。并且有些 HTML 命令或脚本只能在某些特定的浏览器上运行。

测试浏览器兼容性的一个方法是创建一个兼容性矩阵。在这个矩阵中,测试不同厂商、不同版本的浏览器对某些构件和设置的适应性。浏览器环境和测试平台的兼容性见表 10-8。在不同的平台和浏览器组合中执行相同的测试用例,在执行后核对结果。

表 10-8 浏览器兼容表

平 台	浏览器				
	Firefox	Google Chrome	Internet Explorer	Safari	……
Windows					
Linux					
UNIX					
Mac DS					

大多数 Web 浏览器允许自定义。如图 10-8 所示,可以在选择安全性选项、选择文字标签的处理方式、选择是否启用插件等。不同的选项对网站运行有不同的影响,因此每个选项都要测试。

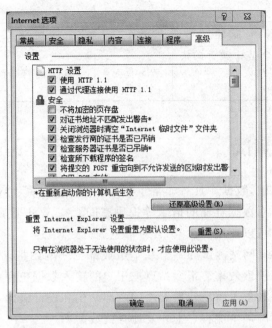

图 10-8　Internet Explorer 浏览器的可配置性

3．打印机测试

用户可能会将网页打印下来。因此在设计网页时要考虑网页的打印问题，注意节约纸张和油墨。有时在屏幕上显示的图片和文本的对齐方式可能与打印出来的内容不一样。测试人员至少需要验证订单确认页面打印出的内容与页面浏览的内容一致。

4．组合测试

如果是公司内部使用的 Web 站点，测试可能会轻松一些。如果公司指定使用某个类型的浏览器，那么只需在该浏览器上进行测试。如果所有的人都使用专线，可能不需要测试下载施加（但需要注意的是，可能会有员工从家里拨号进入系统）。有些内部应用程序，开发部门可能在系统需求中声明不支持某些系统而只支持一些已设置的系统。但是，理想的情况是，Web 站点能在所有系统上运行，这样就不会限制将来的发展和变动。

可以根据实际情况，采取等价划分的方法，列出兼容性矩阵。

5．兼容性测试用例

兼容性测试用例如表 10-9 所示。

表 10-9　兼容性测试用例示例

测试用例号	操作描述	数据	期望结果	实际结果
10.17	加入收藏夹中，会话结束时再次调用	Web 页面＝	网站正常打开和运行	一致/不一致
10.18	打开多个会话	Web 页面＝	每个会话都是可用的	一致/不一致
10.19	使用浏览器的打印功能	Web 页面＝	选择的页面能够正常打印	一致/不一致

续表

测试用例号	操作描述	数 据	期 望 结 果	实际结果
10.20	创建一个 Web 页面的快捷键,在结束会话后单击该快捷键	Web 页面=	网站正常打开和运行	一致/不一致

10.7 数据库测试

在 Web 应用技术中,数据库具有非常重要的作用,数据库为 Web 应用系统的管理、运行、查询和实现用户对数据存储的请求等提供空间。在 Web 应用中,最常用的数据库类型是关系型数据库,可以使用 SQL 语言对信息进行处理。

数据库测试是 Web 网站测试的一个基本组成部分。网站把相关的数据和信息存储在数据库中,从而提高搜索效率。很多站点把用户的输入数据也存放在数据库中。

对于测试人员,要真正了解后台数据库的内部结构和设计概念,制订详细的数据库测试计划,至少能在程序的某个流程点上并发地查询数据库。

1. 数据库测试的主要因素

数据库测试的主要因素有:数据完整性、数据有效性、数据操作和更新。

(1) 数据完整性。测试的重点是检测数据的损坏程度。开始时,损坏的数据很少,但随着时间的推移和数据处理次数的增多,问题会越来越严重。设定适当的检查点可以减轻数据损坏的程度。比如,检查事务日志以便及时掌握数据库的变化情况。

(2) 数据有效性。数据有效性能确保信息的正确性,使得前台用户和数据库之间传送的数据是准确的。在工作流上的变化点上检测数据库,跟踪变化的数据库,判断其正确性。

(3) 数据操作和更新。根据数据库的特性,数据库管理员可以对数据进行各种不受限制的管理操作。具体包括:增加记录、删除记录、更新某些特定的字段。

2. 数据库测试的相关问题

除了上面的数据库测试因素,测试人员需要了解的相关问题有:数据库的设计概念;数据库的风险评估;了解设计中的安全控制机制;了解哪些特定用户对数据库有访问权限;了解数据的维护更新和升级过程;当多个用户同时访问数据库处理同一个问题,或者并发查询时,确保可操作性;确保数据库操作能够有足够的空间处理全部数据,当超出空间和内存容量时能够启动系统扩展部分。

测试人员围绕上述测试因素和测试的相关问题,来设计具体的数据库测试用例。

3. 测试用例

考试系统的成绩查询是一种常见的 Web 程序。考生可以通过浏览器页面访问 Web 服务器,Web 服务器再从数据库服务器上读取数据。

考生基础课成绩表的结构示例如表 10-10 所示。成绩表结构定义了表的各项字段名、字段类型及其含义。

表 10-10 对应的数据库测试用例示例如表 10-11 所示。实际测试结果和期望结果是否一致取决于数据库的性能高低。

表 10-10 考生成绩表的结构

字 段 名	字 段 类 型	含 义	注 释
K_No	整型	考号	非空
K_Name	字符串类型	考生姓名	非空
K_Unit	字符串类型	所在单位	
K_Tel	字符串类型	联系方式	
K_Key	字符串类型	答题信息	
K_Score	数值型	科目成绩	

表 10-11 数据库测试用例示例

测试用例号	操作描述	数 据	期望结果	实际结果
10.21	指定考生查询成绩	K_No=	输出该考号对应考生的成绩情况	一致/不一致
10.22	指定一个有效且不重名的考生姓名来查询成绩	K_Name=	输出该考生的成绩情况	一致/不一致
10.23	指定一个有效且重名的考生姓名来查询成绩	K_Name=	输出该考生的成绩情况	一致/不一致
10.24	指定一个不存在的考生姓名来查询成绩	K_Name=	考生记录没有找到，建议重新输入	一致/不一致
10.25	指定一个有效的考生姓名和所在单位组合条件来查询该考生的相关成绩	K_Name= K_Unit=	输出该考生的成绩情况	一致/不一致
10.26	指定一个有效的考生姓名和一个不存在的单位来查询该考生的相关成绩	K_Name= K_Unit=	单位没有找到，但列出该考生的成绩情况	一致/不一致
10.27	指定一个有效的考生姓名和所在单位组合条件来查询该学生的相关成绩	S_Name= S_Unit=	输出该考生的成绩情况	一致/不一致
10.28	并发执行以下操作。 1. 数据库管理员增加一名新同学的记录； 2. 用户查询这名新同学的相关信息	K_No= K_Name= K_Unit= K_Tel= K_Key= K_Score=	查询结果可能给出不完整的相关信息，比如有空的字段	一致/不一致
10.29	N 个用户同时执行相同的查询操作	(要查询的)字段名= 用户数=	在可以接受的响应时间内，所有用户得到正确的显示结果	一致/不一致

小结

本章介绍了 Web 网站测试的功能测试、性能测试、安全性测试、可用性测试配置和兼容性测试、数据库测试。

Web 测试相对于非 Web 测试更具挑战性。用户对 Web 页面质量有很高的期望。功能测试用于检测网站功能的正确性,其中包括页面内容测试、链接测试、表单测试、Cookies 测试和设计语言测试等。

性能测试确保网站服务器在规定的参数内响应浏览器的请求。作为性能测试的一部分,负载测试用于评估网站满足负载要求的能力。负载测试评估系统在处理大量用户的并发要求时的功能如何。压力测试是测试系统满足不同负载的能力如何。连接速度测试则是对打开网页的响应速度测试。

安全测试是为了确保重要和机密信息的安全性,试图找到应用程序的安全缺陷。

可用性测试是指通过观察用户与站点的交互,评估一个站点对用户是否友好。其中,导航测试是指通过访问页面、图像、链接及其他页面组件,确保用户可以完成希望的任务。

配置和兼容性测试保证了应用程序在各种硬件和软件环境下的功能都正确。

数据库测试检查存储数据的完整性,而存储数据通常是指网站使用的产品信息。

习题

1. 简述 Web 网站的测试内容。
2. 功能测试包括哪些方面?
3. 简述负载/压力测试的作用。
4. 概括安全性测试中的登录测试内容。
5. 简述兼容性测试。

第 11 章

Rational 测试工具及实例分析

本章概要

本章主要介绍 Rational 测试工具及 Rational 测试解决方案,并列举了一些利用 Rational 测试的实例以帮助读者快速掌握 Rational 的使用方法。

11.1 Rational 测试解决方案

11.1.1 传统软件测试

随着商业挑战的日益增多以及技术复杂性的提高,测试在关键业务型应用程序的成功中起到了举足轻重的作用。在软件开发过程中,一方面,要求测试人员通过测试活动验证所开发的软件在功能上满足软件需求中描述的每一项特性,性能上满足客户要求的负载压力和相应的响应时间、吞吐量要求;另一方面,面向市场和客户,开发团队还要满足在项目周期内尽快发布软件的要求。

传统的软件测试流程一般是先在软件开发过程中进行少量的单元测试,然后在整个软件开发结束阶段,集中进行大量的测试,包括功能和性能的集成测试和系统测试。随着开发的软件项目越来越复杂,传统的软件测试流程不可避免地带来以下问题。

(1) 项目进度难控制,项目管理难度加大。传统软件测试过程中常见的问题如图 11-1 所示。大量的软件错误往往只有到了项目后期系统测试时才能被发现,解决问题所花费的时间很难预料,经常导致项目进度无法控制,同时在整个软件开发过程中,项目管理人员缺乏对软件质量状况的了解和控制,加大了项目管理难度。

(2) 项目风险的控制能力较弱。项目风险在项目开发较晚的时候才能够真正降低。往往是经过系统测试之后,才能真正确定该设计是否能够满足系统功能、性能和可靠性方面的需求。

(3) 软件项目开发费用超出预算。在整个软件开发周期中,错误发现的越晚,单位错误修复成本越高,错误的延迟解决必然导致整个项目成本的急剧增加。

11.1.2 IBM Rational 软件测试的成功经验

IBM Rational 软件自动化测试技术核心的三个成功经验是:尽早测试、连续测试、自

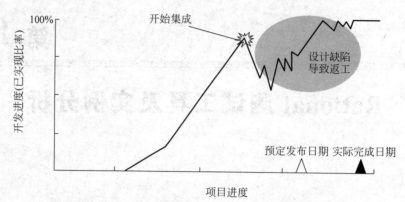

图 11-1 传统软件测试过程中常见的问题

动化测试,并在此基础上提供了完整的软件测试流程和一整套的软件自动化测试工具,从而保证测试时拥有一个测试团队,基于一套完整的软件测试流程进行测试,使用一套完整的自动化软件测试工具,完成全方位的软件质量验证。

1. 尽早测试

所谓尽早测试是指在整个软件开发生命周期中通过各种软件工程技术尽量早地完成各种软件测试任务的一种思想。软件的整个测试生命周期是与软件的开发生命周期基本平齐的过程,即当需求分析基本明确后就应该基于需求分析的结果和整个项目计划来进行软件的测试计划;伴随着分析设计过程同时应该完成测试用例的设计;当软件的第一个版本发布出来后,测试人员要马上基于它进行测试脚本的实现,并基于测试计划中的测试目的执行测试用例,对测试结果进行评估报告。这样,测试人员可以通过各种测试指标实时监控项目质量状况,提高对整个项目的控制和管理能力。软件测试的生命周期如图 11-2 所示。

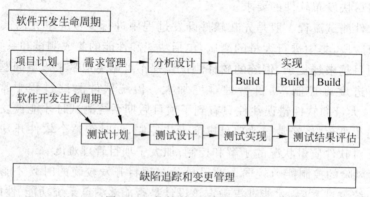

图 11-2 软件测试的生命周期

迭代是软件开发把原来的整个软件开发生命周期分成多个迭代周期,在每个迭代周期都进行测试,这样在很大程度上提前了软件系统测试发生的时间,这可以在很大程度上降低项目风险和项目开发成本。IBM Rational 的尽早测试成功经验还体现在它扩展了传统软件测试阶段从单元测试、集成测试到系统测试、验收测试的划分,将整个软件的测试按阶段划分成开发人员测试和系统测试两个阶段,它把软件测试扩展到整个开发人员的工作过程。通过提前测试发生的时间来尽早地提高软件质量、降低软件测试成本。软件测试阶段划分如图 11-3 所示。

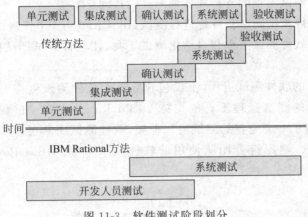

图 11-3　软件测试阶段划分

2. 连续测试

连续测试由迭代式软件开发模式演化而来。在迭代化的方法中,将整个项目的开发目标划分为一些更容易完成和达到的阶段性小目标,这些小目标都有一个定义明确的阶段性评估标准。迭代就是为了完成一定的阶段性目标而从事的一系列开发活动,在每个迭代开始前都要根据项目当前的状态和所要达到的阶段性目标制订迭代计划,而且每个迭代中都包括需求、设计、编码、集成和测试等一系列的开发活动,都会增量式集成一些新的系统功能。通过每次迭代,都产生一个可运行的系统,通过这个可运行系统的测试来评估该次迭代有没有达到预定的迭代目标,并以此为依据来制订下一次迭代的目标。由此可见,在迭代式软件开发的每个迭代周期都会进行软件测试活动,整个软件测试的完成是通过每个迭代周期不断增量测试和回归测试实现的。

采用连续测试不但能够持续地提高软件质量、监控质量状态,同时也使尽早实现系统测试成为可能。从而有效控制开发风险、降低测试成本和保证项目进度。连续测试过程如图 11-4 所示。

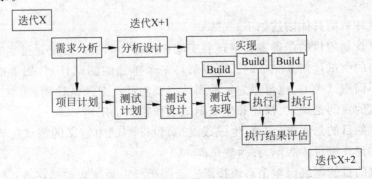

图 11-4　连续测试过程

3. 自动化测试

在整个软件的测试过程中要想实现尽早测试、连续测试,则完善的测试流程是前提,自动化测试工具是保证。IBM Rational 的自动化测试成功经验主要是指利用软件测试工具提供完整的软件测试流程的支持和各种测试的自动化实现。

为了使各种软件测试团队更好地进行测试,IBM Rational 不仅提供了测试成功经验,还提供了一整套的软件测试流程和自动化测试工具,使软件测试团队能够从容不迫地完成整个测试任务。

IBM Rational 的软件测试流程,不仅包含完整的软件测试流程框架,同时还提供了内嵌软件测试流程的测试管理工具的支持。IBM Rational 统一过程(Rational Unified Process,RUP)提供了一套完整的测试流程框架,软件测试团队可以以它为基础,根据业务发展的实际要求,制定符合团队使用的软件测试流程。IBM Rational 测试流程如图 11-5 所示。

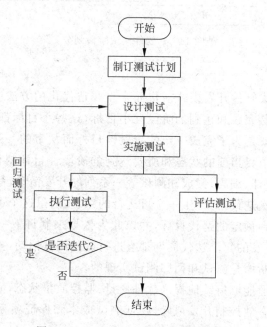

图 11-5　IBM Rational 软件测试流程

每个测试环节的具体阐述如下。

制订测试计划的目的是确定和描述要实施和执行的测试。这是通过生成包含测试需求和测试策略的测试计划来完成的。可以制订一个单独的测试计划,用于描述所有要实施和执行的不同测试类型,也可以为每种测试类型制订一个测试计划。

设计测试的目的是确定、描述和生成测试过程和测试用例。

实施测试的目的是实施(记录、生成或编写)设计测试中定义的测试过程。输出工件是测试过程的计算机可读版本,称为测试脚本。

执行测试的目的是确保整个系统按既定意图运行。系统集成员在各迭代中编译并链接系统。每一迭代都需要测试增加的功能,并重复执行以前版本测试过的所有测试用例

(回归测试)。

评估测试的目的是生成并交付测试评估摘要。这是通过复审并评估测试结果、确定并记录变更请求,以及计算主要测试评测方法来完成的。测试评估摘要以组织有序的格式提供测试结果和主要测试评测方法,用于评估测试对象和测试流程的质量。

11.2 Rational 测试工具

IBM Rational 测试工具包含的内容如图 11-6 所示,其最大特点是通过一套完整的软件测试工具在实现测试管理流程的基础上,同时涵盖了功能测试、性能测试和可靠性测试的自动化测试需求,通过工具之间的集成完成测试资源的整合,帮助测试团队应用 IBM Rational 的测试成功经验。

IBM Rational测试工具						
Functional Tester	Performance Tester	Manual Tester	TestManager	ClearQuest family	ClearCase family	Test RealTime

图 11-6　IBM Rational 测试工具

IBM Rational Functional Tester 可以与 IBM Rational TestManager 相联系,而自动化 Rational Functional Tester 脚本可以在测试管理工具上运行。

在运行功能性测试脚本之后,就可以从 Rational TestManager 中查看结果,而不需要再次切换回 Rational Functional Tester。TestManager 具有报告生成功能,可以生成关于脚本的报告。同样,功能性测试脚本可以在安装有 Rational TestManager 上的远程计算机上运行。

最少需要两台机器可以实现远程执行。主机用于激活 Rational Functional Tester 脚本,而客户端则是脚本实际运行的机器。只有远程执行才需要它。

1. 主机创建

安装 Rational TestManager。

安装 Rational Functional Tester。

创建一个名为 TM_P1 的共享 TestManager 项目。给出 Uniform Naming Convention (UNC)路径,或者共享网络路径,对于项目位置,同时创建一个项目。例如:\\＜computer name＞\shared\TM_Proj

创建一个名为 TP1 的测试计划,以及一个名为 TC1 的测试文件。

创建一个 Rational Functional Tester 项目 RFT_P1,并将其与 TestManager 项目 TM_P1 联系起来。

记录名为 S1 的脚本,并构建它。

将 TestManager 测试用例 TC1 与该 Rational Functional Tester 脚本 S1 联系起来。

选择 Manage＞compute lists 并添加客户端的名字。

重点:确定可以从主机上访问客户端。

2. 客户端创建

安装 TestManager Agent。

安装 Rational Functional Tester。

启动 TestManager Agent。

按照下面的步骤来启动 Rational Functional Tester Agent。

打开命令行并切换至 Agent Controller 的目录：

...\...\IBM\IBMIMShared\plugins\org.eclipse.tptp.platform.ac.win_ia32_4.4.300.v201006031900\agent_controller\bin。

输入 SetConfig 以运行 SetConfig.bat 文件。

按照 SetConfig 之中的指示进行操作：

命令 1：指定完整规格的 java.exe 路径。将其设置为 IBM 测试产品所安装的 JRE。例如：C:\Program Files\IBM\Java50\jdk\jre\bin\java.exe。

命令 2：设置网络访问模式。例如，Use ALL 支持任意的主机。

命令 3：将安全性设置为激活或者非激活。例如，Use FALSE 并不支持安全性。

对命令行的其余部分使用默认设置并输入 ACServer.exe 来启动 Rational Functional Tester Agent Controller。

注意：对于非管理模式场景，需要在管理员模式下执行该安装操作，然后作为没有管理员所拥有优先权的非管理用户登录。

3. 三种不同的集成选项

在 Rational TestManager 中执行 Rational Functional Tester 脚本有以下几种不同的方式。

(1) 通过 Rational TestManager 对 Rational Functional Tester 脚本的本地执行，在主机上，启动 TestManager 与 Rational Functional Tester。

打开 TestManager 测试用例 TC1，它与 Rational Functional Tester 脚本 S1 相联系。

从测试用例下拉菜单中，选择 Run 以启动 Rational Functional Tester 脚本（将会看到 Playback 监视器）。

可以选择结果的日志。

(2) 通过 Rational TestManager 对 Rational Functional Tester 脚本的远程执行，在主机上，启动 TestManager 与 Rational Functional Tester。

打开 TestManager 测试用例 TC1，它与 Rational Functional Tester 脚本 S1 相联系。

从测试用例下拉菜单中选择 Run。

在 Run Test Case 向导中，将计算机名更改为客户端名字。

执行 Rational Functional Tester 脚本将会在客户端机器上进行，而 Playback 监视器将会出现。

在脚本运行之后就可以检查主机上的结果。

(3) 多客户端上脚本的远程执行。

假设有一个主机以及多个客户端机。

在计算机列表中添加所有客户端机器的名字。打开 TestManager 测试用例 TC1，它与 Rational Functional Tester 脚本 S1 相联系。从测试用例下拉菜单中选择 Run。

在 Run Test Case 向导中，选择不同的计算机名作为客户端名。

执行 Rational Functional Tester 脚本将会在客户端机器上进行，而 Playback 监视器也将会出现。

脚本运行之后，主机上就会出现日志。

启动随 Rational TestManager 一起安装的 Rational Administrator 工具。

创建一个新项目：从 Projects 下拉菜单（见图 11-7）中，选择 New Project 选项。

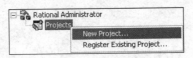

图 11-7　创建新项目

输入 TM_P1 作为项目的名字，并提供一个 UNC 路径作为位置：\\＜Computer name＞\Shared\TM_Proj，如图 11-8 所示。

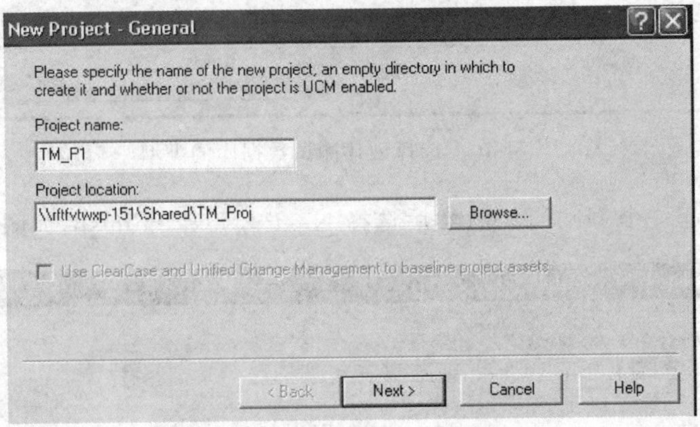

图 11-8　TestManager 的项目创建

选择 Next→Next→Finish。

配置项目：在 Configure Project 向导中单击 Create 按钮，如图 11-9 所示。

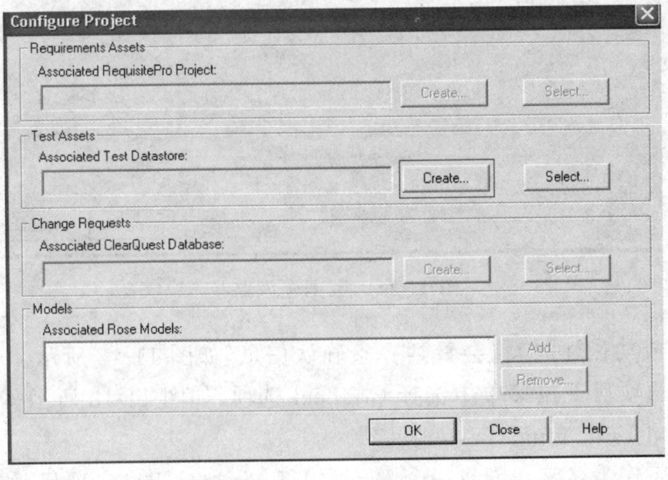

图 11-9　项目配置

选择输入数据库为测试数据仓库进行创建,并单击 Next 按钮,如图 11-10 所示。

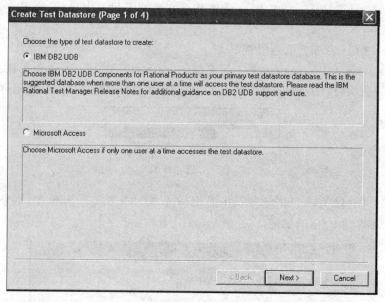

图 11-10　选择创建测试数据库的类型

给数据仓库起一个 UNC 路径,然后选择 Next→Next→Finish,如图 11-11 所示。

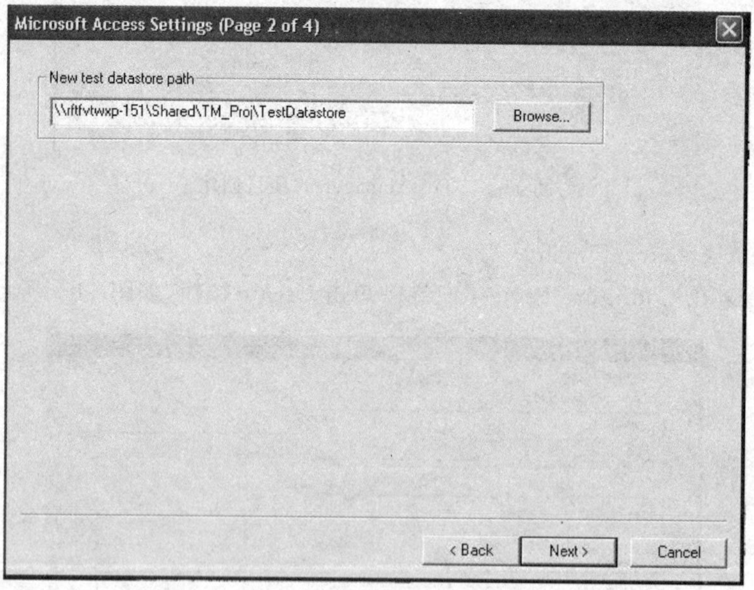

图 11-11　数据仓库路径

当数据仓库成功创建时,将会看到一条确认信息,如图 11-12 所示。
联系项目:从项目下拉菜单中选择 Connect 选项,如图 11-13 所示。
启动 Rational Functional Tester。
使用 RFT_P1 作为名字来创建一个 Rational Functional Tester 项目,如图 11-14 所示。

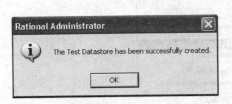
图 11-12　数据仓库确认信息

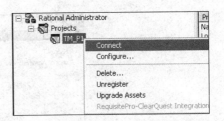
图 11-13　联系项目

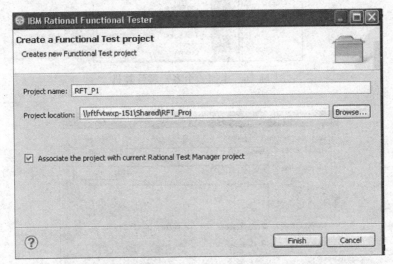
图 11-14　创建一个 Rational Functional Tester 项目

给定 UNC 路径作为项目位置。

选中 Associate the project with current Rational Test Manager project 复选框，然后单击 Finish 按钮，如图 11-14 所示。

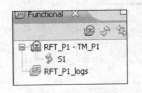

图 11-15　功能性测试项目浏览器

在 classicsJavaA 程序中记录一个名为 S1 的 Rational Functional Tester 脚本，如图 11-15 所示。

添加一个客户端机器：启动 IBM Rational TestManager，选择 Tools→Manage→Computers，如图 11-16 所示，然后单击 New 按钮。

给客户端机器设置一个网络名，并单击 Ping 按钮以确认访问。当 Ping 成功之后，单击 Apply 按钮，最后单击 OK 按钮，如图 11-17 所示。

客户端机器已经被添加到主机上，如图 11-18 所示。

创建一个新测试计划：从 Test Plan 的下拉菜单中选择 New Test Plan，如图 11-19 所示。

输入 TP1 作为测试规划的名字，并单击 OK 按钮，如图 11-20 所示。

在 Test Plans 之下，双击 TP1 打开测试计划，如图 11-21 所示。

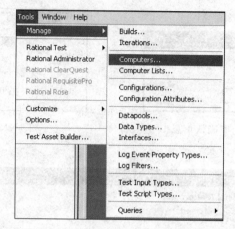

图 11-16 添加一个客户端计算机

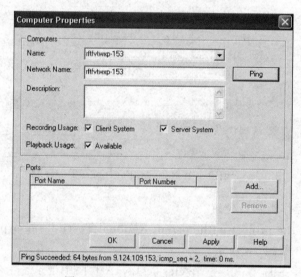

图 11-17 输入客户端机器的名字

图 11-18 计算机列表

图 11-19 创建一个新测试规划

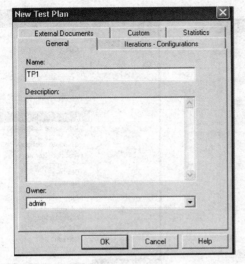

图 11-20　测试计划配置

图 11-21　打开测试计划

插入一个测试用例,并将测试用例与测试脚本相联系,从测试计划的下拉菜单中,选择 Insert Test Case Folder 选项,开始添加一个测试用例,如图 11-22 所示。

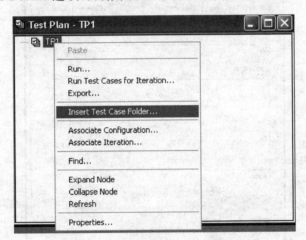

图 11-22　插入测试用例文件夹

将测试用例文件夹命名为 TC_Folder,并单击 OK 按钮,如图 11-23 所示。

从测试用例文件夹 TC_Folder 的下拉菜单中选择 Insert Test Case,如图 11-24 所示。

将测试用例命名为 TC1,并单击 Implementation 选项,如图 11-25 所示。

单击 Select 按钮,并选择相联系的 Rational Functional Tester 项目 RFT_P1,如图 11-26 所示。

选择功能性测试脚本 S1,需要将其与 TC1 测试用例相联系,并单击 OK 按钮,如图 11-27 所示。

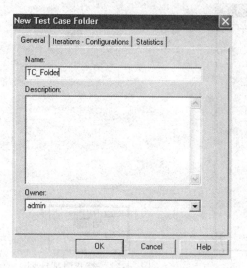

图 11-23 创建一个测试用例文件夹

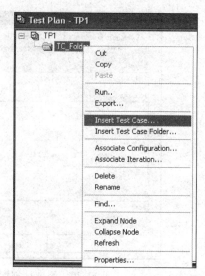

图 11-24 插入一个测试用例

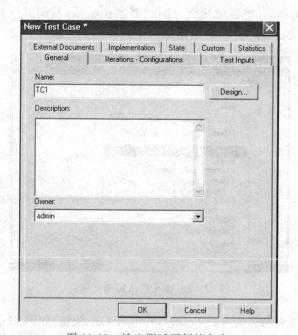

图 11-25 输入测试用例的名字

至此,功能性测试脚本 S1 与 TestManager 测试用例 TC1 联系在一起。

执行一个测试用例,选择 TC1→Run...,如图 11-28 所示。

选择想要运行的测试用例,将计算机名更改为客户端机器的名字,并单击 OK 按钮,如图 11-29 所示。

在客户端机器上运行脚本,结果出现在主机日志上,如图 11-30 所示,它显示了 Event Type、Result、Date & Time、Failure Result 及 Computer Name 信息。

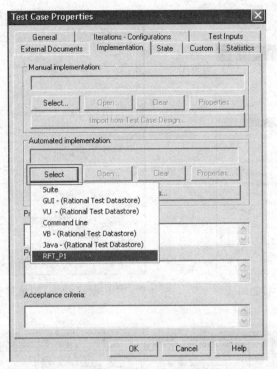

图 11-26　将测试用例与 Rational Functional Tester 脚本联系

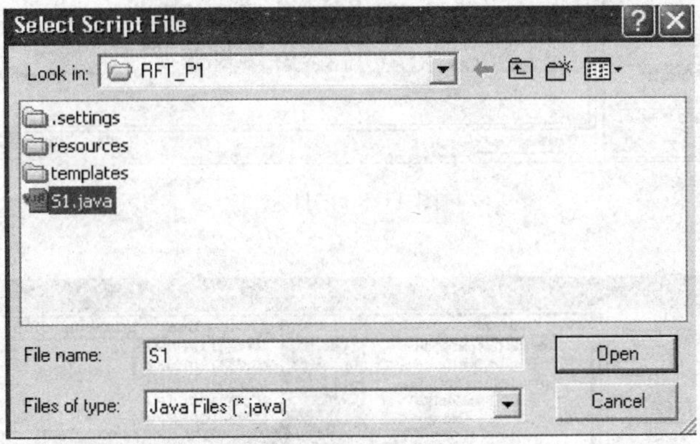

图 11-27　选择功能性测试脚本

在 Rational TestManager 日志中,如图 11-31 所示,通过右击,并从下拉菜单中选择选项可以看到 Rational Functional Tester 脚本及确认点。

故障排除:如果出现错误,可以通过以下方式解决。

错误信息 1:Playback monitor is not appearing in the client machine but log shows script pass。

解决方案:确定 JRE 为 Rational TestManager 和 Rational Functional Tester 进行了适当的配置。

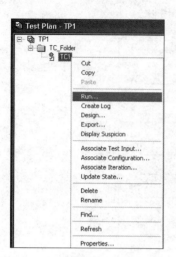

图 11-28　选择并运行测试用例

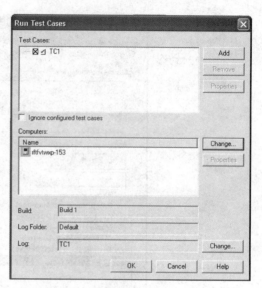

图 11-29　测试用例的执行

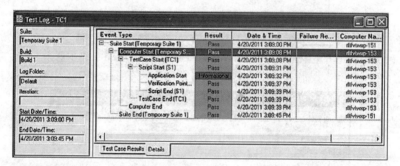

图 11-30　日志

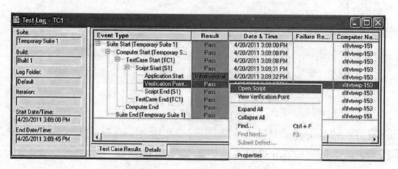

图 11-31　查看脚本及确认点

错误信息 2：RTagentd：fatal system initialization error：[5.3.8.43] server：bind error(10048)，invalid argument。

解决方案：选择 Run 并启动 services.msc。

检查 IBM Rational Test Agent Service 的状态。

关闭 IBM Rational Test Agent Service。

从 Start 菜单中启动 IBM Rational Test Agent。

重新启动 Test Agent Service。

实例一 Rational Suite Enterprise 的安装

1. 实验目的

掌握软件测试工具的安装、基本使用方法。

2. 实验环境

(1) Windows 2008 Server。

(2) Rational Suite Enterprise 2003。

3. 实验内容及步骤

(1) 打开\\USER\软件测试\CD1,双击 Setup.exe,出现如图 11-32 所示的安装界面。

图 11-32 安装界面

(2) 单击"下一步"按钮,如图 11-33 所示。

(3) 单击"下一步"按钮,如图 11-34 所示。

(4) 在图 11-34 中选择默认安装方式,单击"下一步"按钮,如图 11-35 所示。

(5) 在图 11-35 中单击 Next 按钮,如图 11-36 所示。

(6) 在图 11-36 中单击 Update 按钮,出现如图 11-37 所示的对话框。

(7) 在图 11-37 中单击 Next 按钮,出现如图 11-38 所示的对话框。

(8) 耐心等待,直到出现 Finish 按钮并单击,如图 11-39 所示。

(9) 选择"开始"→"程序"→Rational Software→Rational License Key,如图 11-40 所示。

(10) 在图 11-40 中选中 Import a Rational License File 选项,单击"下一步"按钮,如图 11-41 所示。

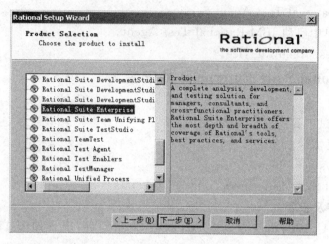

图 11-33 工具选择

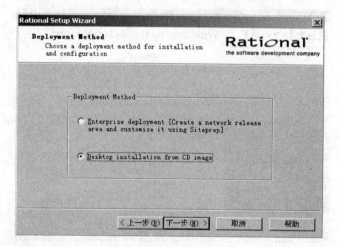

图 11-34 安装方式选择

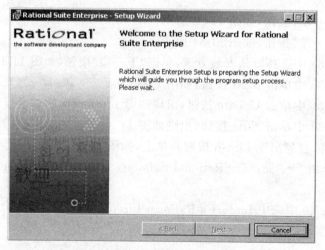

图 11-35 准备安装

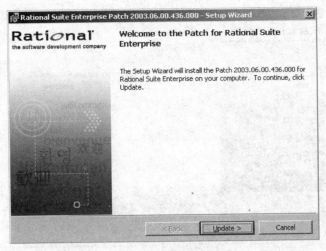

图 11-36　软件更新

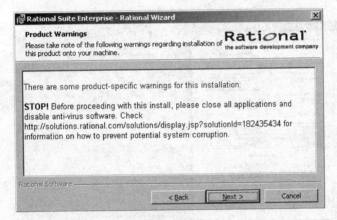

图 11-37　安装警告

图 11-38　执行安装

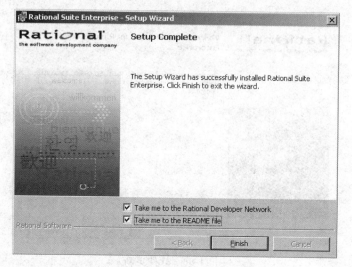

图 11-39　结束安装

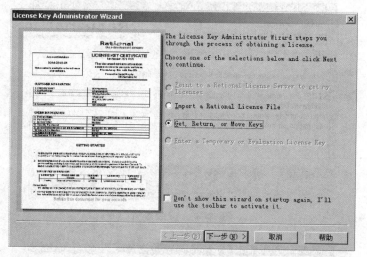

图 11-40　软件注册

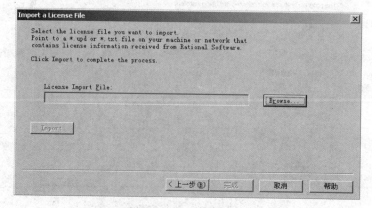

图 11-41　注册过程一

（11）在图 11-41 中单击 Browse 按钮，在弹出的对话框中选择 Rational Suite Enterprise，如图 11-42 所示。

图 11-42　注册过程二

（12）在图 11-42 中单击"打开"按钮，在弹出的窗口中单击 Import 按钮，如图 11-43 所示，软件安装完毕。

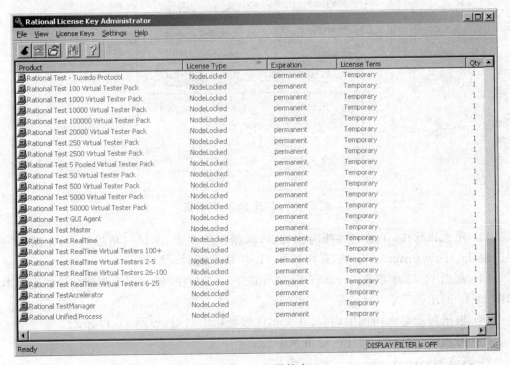

图 11-43　注册结束

11.3 Rational 测试实例分析

实例二 三角形问题的黑盒测试

1. 实验目的

通过测试三角形问题,熟悉掌握等价类划分法和边界值分析法。

2. 实验环境

(1) Windows 2008 Server。

(2) 被测程序 naive.exe 和 blackbox.exe。

3. 实验内容及步骤

实验内容:设计测试用例、执行测试、提交测试报告(包括测试用例、实际结果、缺陷及统计分析)。

实验步骤如下。

1) 测试 naive.exe

该程序每次只能输入和执行一个测试用例。

(1) 打开 naive.exe,如图 11-44 所示。

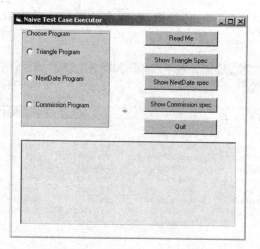

图 11-44 打开 Naive 的界面

(2) 熟悉该软件,了解它的功能和特点,根据实验要求,测试三角形问题,在图 11-44 中选中 Triangle Program 选项,弹出如图 11-45 所示的对话框。

(3) 在图 11-45 中单击 Create Output File Name 按钮,建立记录测试结果的记事本,如图 11-46 所示。

(4) 根据提示输入用例的内容,在文本区域处输出结果,如图 11-47 所示。

(5) 将测试结果存入所建的记事本中。

2) 测试 blackbox.exe

该程序对测试用例文件中的多个测试用例进行测试。

(1) 打开 blackbox.exe,如图 11-48 所示。

第 11 章 Rational 测试工具及实例分析

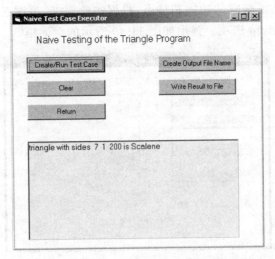

图 11-45 Naive Test Case Executor

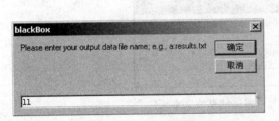

图 11-46 建立测试记录结果的文本文件

图 11-47 Naive Test 界面

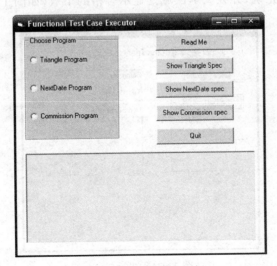

图 11-48 测试多个用例

(2)熟悉该软件,了解它的功能和特点,根据实验要求,测试三角形问题,在图 11-48 中选中 Triangle Program 选项。弹出如图 11-49 所示的对话框。

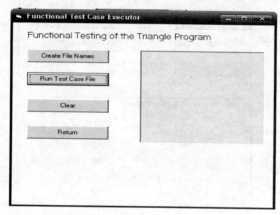

图 11-49　Function Test Case Executer

(3)根据要求,在图 11-49 中单击 Create File Names 按钮,建立记录测试结果的记事本,如图 11-50 所示。

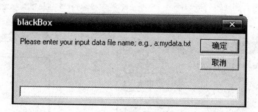

图 11-50　建立记录测试结果的文本文件

(4)根据提示,依次在空白处输入相应的内容。单击 Run Test Case File 按钮,程序会自动检测用例是否正确,并在文本区域处显示合格的个数,如图 11-51 所示。

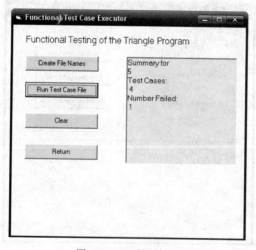

图 11-51　界面输入

（5）依照上述步骤，可建立实验要求的测试用例，得到相应的结果。

实例三 NextDate 函数的黑盒测试

1．实验目的

通过 nextdate 函数（1812≤year≤2012），熟悉掌握等价类划分法和边界值分析法。

2．实验环境

（1）Windows 2008 Server。

（2）被测程序 naive.exe 和 blackbox.exe。

3．实验内容及步骤

实验内容：设计测试用例、执行测试、提交测试报告（包括测试用例、实际结果、缺陷及统计分析）。

实验步骤如下。

1) 测试 naive.exe

该程序每次只能输入和执行一个测试用例。

（1）打开 naive.exe，如图 11-52 所示。

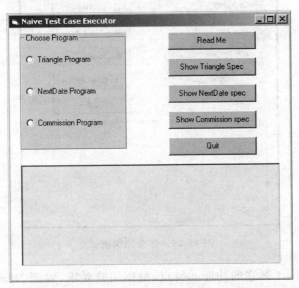

图 11-52 Native Test Case Executor 开始界面

（2）熟悉该软件，了解它的功能和特点，根据实验要求，测试 NextDate 函数问题，在图 11-52 中选中 Triangle Program 选项，弹出如图 11-53 所示的对话框。

（3）根据要求，在图 11-53 中单击 Create Output File Name 按钮，建立记录测试结果的记事本。

（4）根据提示输入用例的内容，最后在文本区域处输出其结果，如图 11-54 所示。

（5）将测试结果存入所建的记事本中。

2) 测试 blackbox.exe

该程序对测试用例文件中的多个测试用例进行测试。

（1）打开 blackbox.exe，如图 11-55 所示。

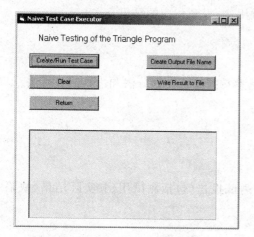

图 11-53　应用界面

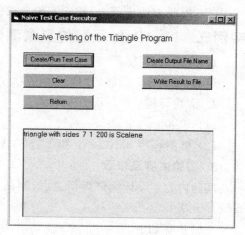

图 11-54　输出结果

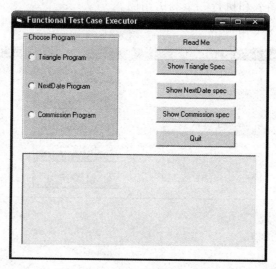

图 11-55　多个用例测试

（2）熟悉该软件，了解它的功能和特点，根据实验要求，验证 NextDate 函数问题，在图 11-55 中选中 Triangle Program 选项，弹出如图 11-56 所示的对话框。

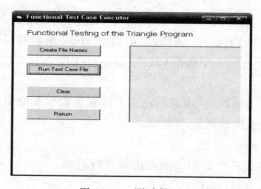

图 11-56　测试界面

(3) 在图 11-56 中单击 Creat File Names 按钮,建立记录测试结果的记事本,如图 11-57 所示。

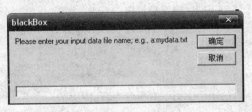

图 11-57 建立记录测试结果的文本文件

(4) 根据提示,依次在空白处输入相应的内容。单击图 11-56 中的 Run Test Case File 按钮,程序会自动检测输入的用例是否正确,并在文本区域处输入合格的个数,如图 11-58 所示。

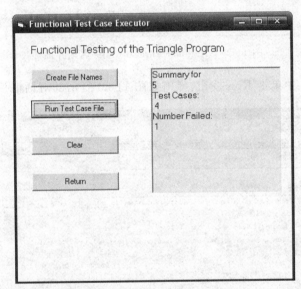

图 11-58 输出结果

(5) 依照上述步骤,可建立实验要求的测试用例,得到相应的结果。

实例四 Rational PureCoverage 基本练习

1. 实验目的

学会用自动化测试工具 Rational PureCoverage 测试程序的覆盖率。

2. 实验环境

(1) Windows 2008 Server。

(2) Rational PureCoverage。

3. 实验内容及步骤

(1) 选择"开始"→"程序"→Rational Software→Rational PureCoverage,打开 Rational PureCoverage 界面,如图 11-59 所示。

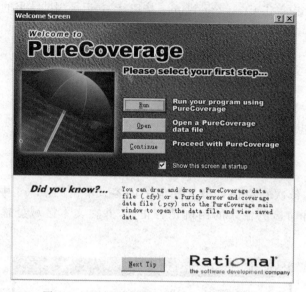

图 11-59　Rational PureCoverage 启动界面

（2）在图 11-59 中单击 Run 按钮，弹出如图 11-60 所示的对话框。

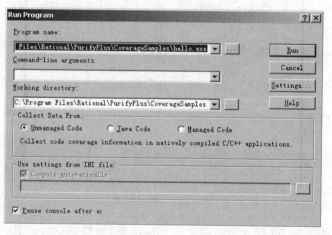

图 11-60　Run 界面

（3）在图 11-60 中的 Program name 中选择正确的项目路径，单击 Run 按钮，弹出如图 11-61 所示的对话框。

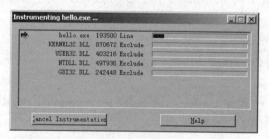

图 11-61　运行过程

（4）等待几分钟，出现测试用例的测试结果，如图 11-62 所示。

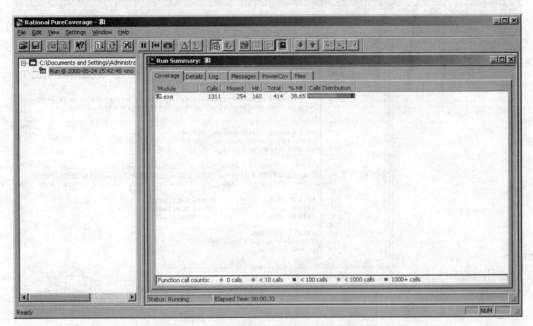

图 11-62　Rational PureCoverage 测试结果

（5）可以查看测试结果的详细信息，如图 11-63 所示。

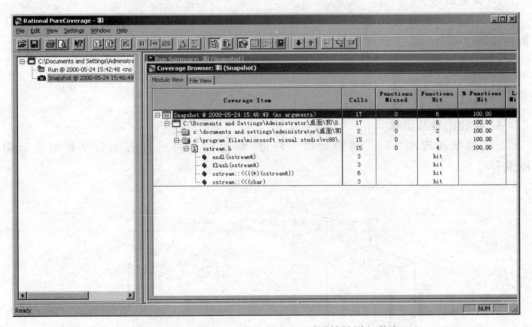

图 11-63　Rational PureCoverage 测试结果详细信息

（6）查看函数的详细信息，如图 11-64 所示。

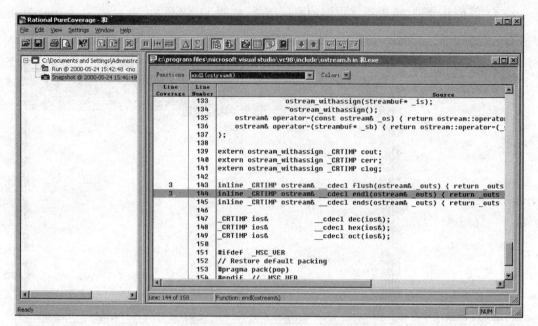

图 11-64　Rational PureCoverage 函数详细信息

实例五　Rational PureCoverage 案例测试

1. 实验目的

建立不同的覆盖测试用例，理解条件覆盖、语句覆盖、判定覆盖、判定/条件覆盖、组合覆盖和路径覆盖的真正含义及它们的具体用法。

2. 实验环境

（1）Windows 2008 Server。

（2）Rational PureCoverage。

3. 实验内容及步骤

（1）根据流程图 11-65 可得到如下程序（程序段中每行开头的数字是每条语句的编号）。

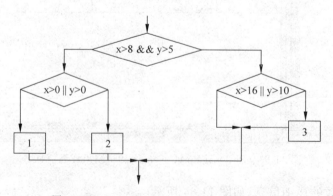

图 11-65　Rational PureCoverage 测试流程图

```
    void Do( int x, int y)
    {
1     if(x > 8 && y > 5)
      {
2       if(x > 16||y > 10)
        {
3         cout <<"x > 16 or y > 10 is right"<< endl;}
        }
4     else if(x > 0||y > 0)
      {
5       cout <<"x > 0 or y > 0 is right"<< endl;
      }
6     else
      {
7       cout <<"x > 0 or y > 0 is wrong"<< endl;
      }
    }
```

(2) 根据程序画出程序的控制流程图,如图 11-66 所示(将其分为 a、b、c、d、e、f、g)。

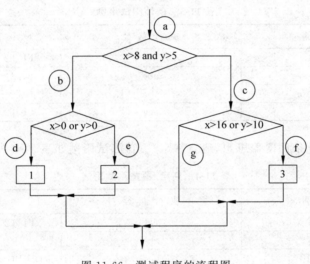

图 11-66 测试程序的流程图

(3) 对各种取值加以标记。

对于 x>8 && x>5,条件 x>8 取值为 T1,否则为－T1;条件 y>5 取值为 T2,否则为－T2。

对于 x>0 or y>0,条件 x>0 取值为 T2,否则为－T2;条件 y>0 取值为 T3,否则为－T4。

对于 x>16 or x>10,条件 x>16 取值为 T5,否则为－T5;条件 y>10,取值为 T6,否则为－T6。

(4) 设计语句覆盖测试用例,根据程序流程图 11-66 需要设计 3 个测试用例,如表 11-1 所示。

表 11-1 测试用例

测 试 用 例	执 行 路 径
X=10,y=10	acf
X=8,y=10	abe
X=-1,y=10	abd

(5) 根据判定思想,设计判定测试用例如表 11-2 所示。

表 11-2 判定测试用例

测 试 用 例	执 行 路 径	覆 盖 条 件
X=10,y=10	acf	T1 T2 T5 T6
X=8,y=10	abe	-T1 -T2 T3 T4
X=-1,y=10	abd	-T1 -T2 -T3 -T4
X=9,y=6	acg	T1 T2 -T5 -T6

(6) 根据条件思想,设计条件测试用例如表 11-3 所示。

表 11-3 条件测试用例

测 试 用 例	执 行 路 径	覆 盖 条 件
X=10,y=10	acf	T1 T2 T5 T6
X=8,y=10	abe	-T1 -T2 T3 T4
X=-1,y=10	abd	-T1 -T2 -T3 -T4
X=9,y=6	acg	T1 T2 -T5 -T6

(7) 根据判定/条件覆盖思想,建立判定/覆盖测试用例如表 11-4 所示。

表 11-4 判定/覆盖测试用例

测 试 用 例	执 行 路 径	覆 盖 条 件
X=10,y=10	acf	T1 T2 T5 T6
X=8,y=10	abe	-T1 -T2 T3 T4
X=-1,y=10	abd	-T1 -T2 -T3 -T4
X=9,y=6	acg	T1 T2 -T5 -T6

(8) 根据组合覆盖思想,建立测试用例如表 11-5 所示。

表 11-5 组合覆盖测试用例

测 试 用 例	执 行 路 径	覆 盖 条 件
X=10,y=10	acf	T1 T2 T5 T6
X=8,y=10	abe	-T1 -T2 T3 T4
X=-1,y=10	abd	-T1 -T2 -T3 -T4
X=9,y=6	acg	T1 T2 -T5 -T6

(9) 根据路径思想,建立测试用例如表 11-6 所示。

表 11-6　路径测试用例

测 试 用 例	执 行 路 径	覆 盖 条 件
X=10,y=10	acf	T1 T2 T5 T6
X=8,y=10	abe	－T1 －T2 T3 T4
X=－1,y=10	abd	－T1 －T2 －T3 －T4
X=9,y=6	acg	T1 T2 －T5 －T6

（10）执行测试用例。

实例六　Rational Purify 基本练习

1. 实验目的

学会用自动化测试工具 Rational Purify 测试程序与内存相关的错误。

2. 实验环境

（1）Windows 2008 Server。

（2）Rational Purify。

3. 实验内容及步骤

（1）选择"开始"→"程序"→Rational Software→Rational Purify，打开 Rational Purify 界面，如图 11-67 所示。

图 11-67　Rational Purify 启动界面

（2）在图 11-67 中单击 Run 按钮，选择运行程序。在 Program name 中选择被测对象的路径，单击 Run 按钮，运行程序，如图 11-68 所示。

（3）在图 11-68 中单击 Settings 按钮，可以对 Settings 的具体信息进行设置，如图 11-69 所示。

（4）在图 11-69 中可以对 PowerCheck 选项卡进行设置，如图 11-70 所示。

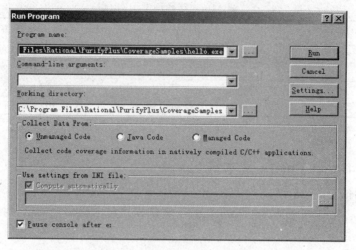

图 11-68 Rational Purify 界面

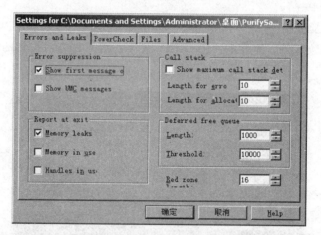

图 11-69 Rational Purify 设置界面

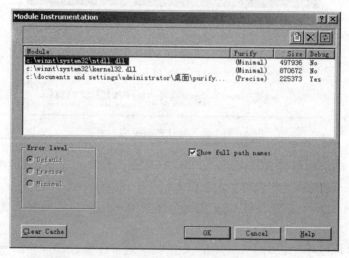

图 11-70 Rational Purify Configure

(5) 在图 11-68 中找到正确路径后单击 Run 按钮，如图 11-71 所示。

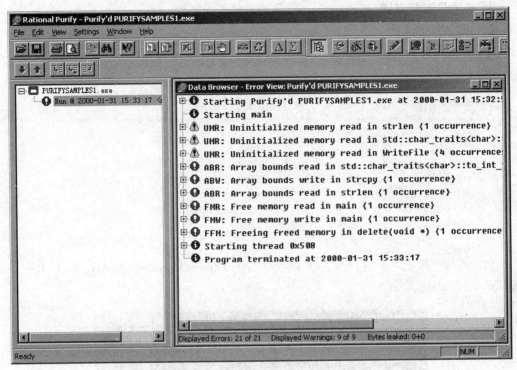

图 11-71 Rational Purify 运行结果

(6) 代码如下。

```
#include <iostream>
using namespace std;
int main(){
    char *  str1 = "four";
    char *  str2 = new char[4];        //not enough space
    char *  str3 = str2;
    cout << str2 << endl;              //UMR
    strcpy(str2,str1);                 //ABW
    cout << str2 << endl;              //ABR
    delete str2;
    str2[0] += 2;                      //FMR and FMW
    delete str3;                       //FFM
}
```

实例七　Rational Purify 案例测试

1. 实验目的

通过用 Rational Software 的 Rational Purify 测试程序，掌握 Rational Purify 的功能。

2. 实验环境

(1) Windows 2008 Server。

(2) Rational Software。

3. 实验内容及步骤

(1) 测试如下程序。

```cpp
#include <iostream>
using namespace std;
int main(){
    char * str1 = "four";
    char * str2 = new char[4];        //not enough space
    char * str3 = str2;
    cout << str2 << endl;             //UMR
    strcpy(str2,str1);                //ABW
    cout << str2 << endl;             //ABR
    delete str2;
    str2[0] += 2;                     //FMR and FMW
    delete str3;                      //FFM
}
```

(2) 选择"开始"→"程序"→Rational Software→Rational Purify，进入 Rational Purify，如图 11-72 所示。

图 11-72　Rational Purify 启动界面

(3) 在图 11-72 中单击 Run 按钮或者在菜单栏中选择"文件"→Run，弹出选择测试程序的对话框，如图 11-73 所示。

(4) 在 Program name 中输入测试程序的路径或者选择测试的程序 example.cpp，然后单击 Run 按钮，进入程序运行的控制台，在输入测试用例后得到程序判断的结果，如图 11-74 所示。

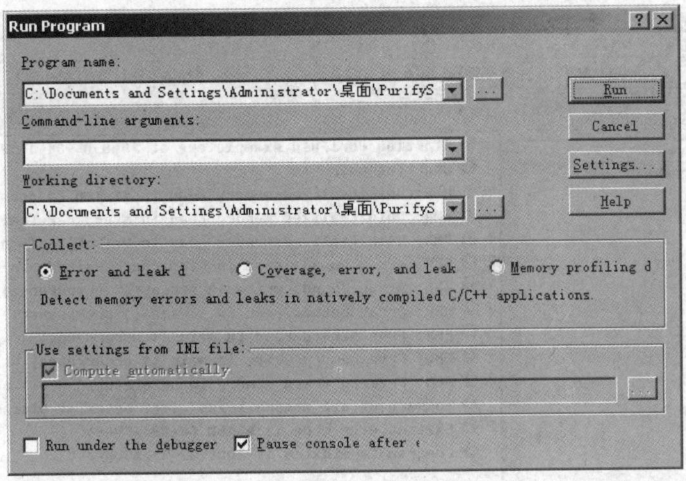

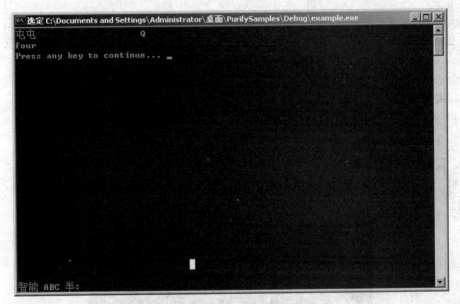

图 11-73 Rational Purify 界面

图 11-74 Rational Purify 运行界面

（5）按任意键后，弹出 Rational Purify 测试结果的窗口，每一种错误都有解释，而且具有不同的颜色符号，如图 11-75 所示。

注意：UMR 表示未初始化内存阅读；ABR 表示数组越界；FMR 表示空闲内存读取；FMW 表示空闲内存写。

实例八　Rational Quantify 基本练习和案例测试

1. 实验目的

通过用 Rational Software 的 Rational Quantify 测试程序，了解 Rational Quantify 的基本功能及其特点。

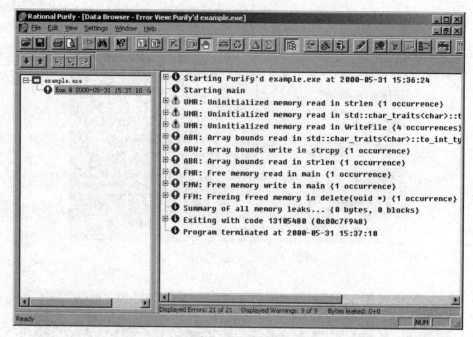

图 11-75　Rational Purify 测试结果

2. 实验环境

（1）Windows 2008 Server。

（2）Rational Software。

3. 实验内容及步骤

（1）选择"开始"→"程序"→Rational Software→Quantify，进入 Rational Quantify 界面，如图 11-76 所示。

图 11-76　Rational Quantify 启动界面

(2) 在图 11-76 中单击 Run 按钮或者在菜单栏中选择"文件"→Run,弹出选择测试程序的对话框,如图 11-77 所示。

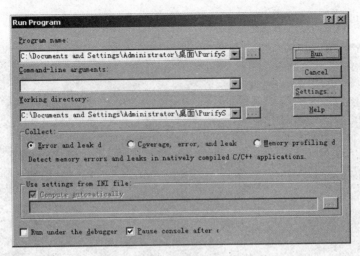

图 11-77　Rational Quantify 界面

(3) 在图 11-77 中的 Program name 输入测试程序的路径或者选择测试的程序 C:\\Program Fiels\Rational\PurityPlus\QuanftifySamples\Java\Jellotime.class,得到运行情况如图 11-78 所示。

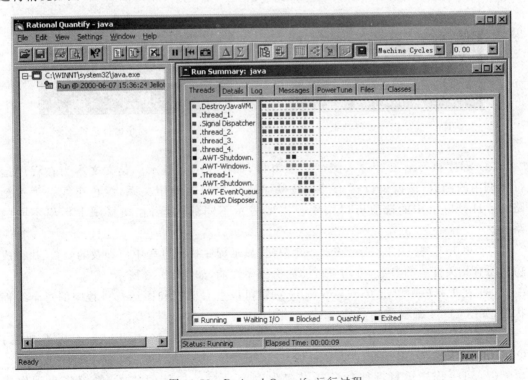

图 11-78　Rational Quantify 运行过程

注意：绿色代表时间过程；蓝色代表等待；灰色代表测试占用时间；黑色代表退出时间。

程序运行过程及结果分别如图 11-79～图 11-81 所示。

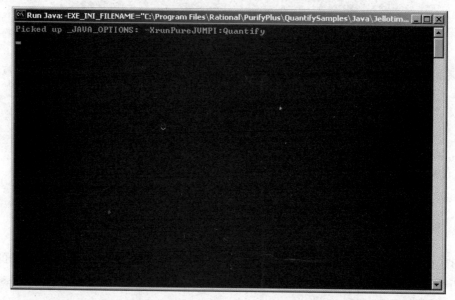

图 11-79　Rational Quantify 测试过程

图 11-80　程序运行结果 1

图 11-81　程序运行结果 2

（4）程序执行结束后进入测试结果窗口，如图 11-82 所示。英文文本为在程序运行中调用的函数，该窗口以树形结构反映了函数之间的调用关系，绿色粗线条为关键路径。Highlight 中的选项可以按用户需要显示不同的内容，在树形图上标出不同的路径。

（5）单击工具栏中的 Function List 按钮，显示程序执行过程中所涉及的函数、执行成功后所有相关性能的参数，可用来帮助分析程序性能，如图 11-83 所示。

（6）在工具栏中单击 Run Summary 按钮可以查看监控程序运行过程中的每个线程状态，如图 11-84 所示。

注意：Runing 代表运行中；Waiting I/O 代表等待输入；Blocked 代表阻塞；Quantify 代表量化；Exited 代表已经退出。

（7）可将程序运行性能的分析结果保存在计算机的任何位置，系统将自动生成 quantify 文件，也可查看其性能分析结果文件。

第 11 章 Rational 测试工具及实例分析

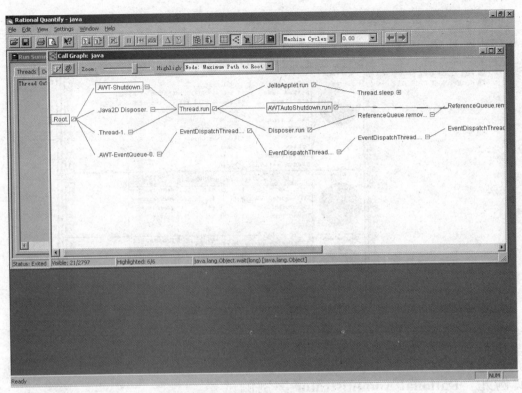

图 11-82 Rational Quantify 测试结果

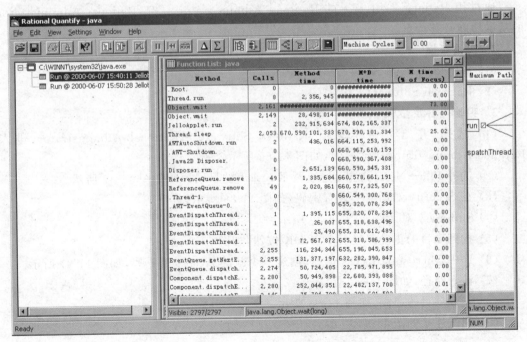

图 11-83 Rational Quantify 测试结果详细信息

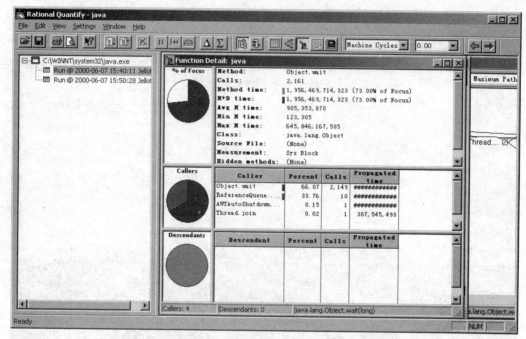

图 11-84　Rational Quantify 监控程序运行过程中每个线程的状态

实例九　Rational Administrator 案例测试

1. 实验目的

通过用 Rational Software 的 Rational Administrator，了解 Rational Administrator 的基本功能及其特点。

2. 实验环境

（1）Windows 2008 Server。

（2）Rational Software。

3. 实验内容及步骤

（1）选择"开始"→"程序"→Rational Software→Rational Administrator，进入 Rational Administrator 启动界面，如图 11-85 所示。

（2）选择 File→New，如图 11-86 所示。弹出的目录说明如图 11-87 所示。

（3）在 Security 对话框中设置密码，如图 11-88 所示。

（4）Summary 对话框如图 11-89 所示。

（5）找到项目的正确路径后单击 OK 按钮，如图 11-90 所示。

（6）选中 Microsoft Access 选项，创建一个新的 Access 数据库，如图 11-91 所示。

（7）输入路径，如图 11-92 所示。

（8）完成项目的建立，如图 11-93 所示。

（9）测试连接如图 11-94 所示。

（10）测试结果如图 11-95 所示。

第 11 章 Rational 测试工具及实例分析

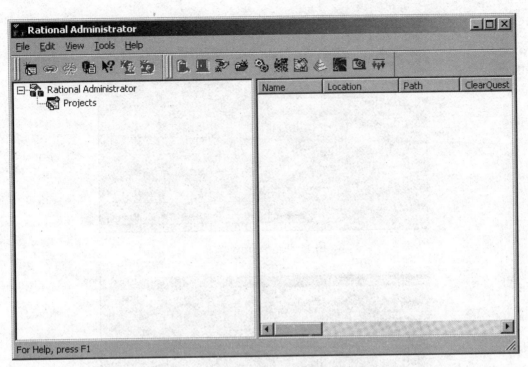

图 11-85　Rational Administrator 启动界面

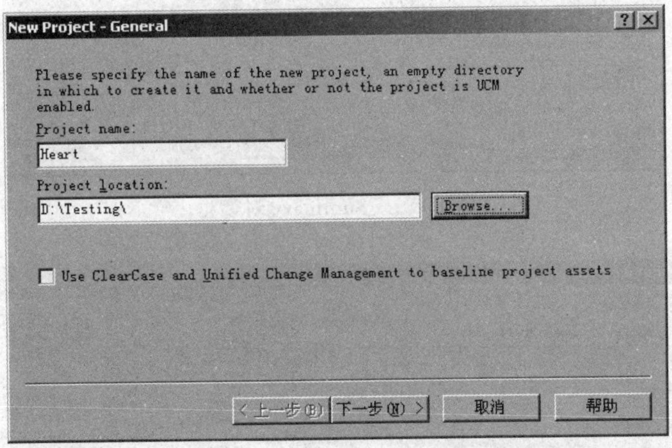

图 11-86　Rational Administrator 新建案例

图 11-87　目录说明

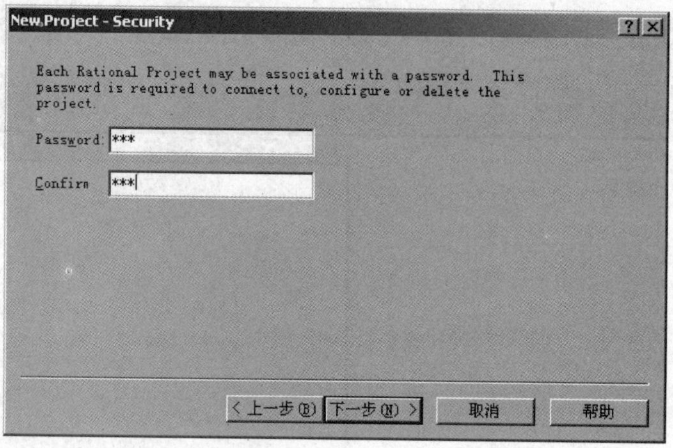

图 11-88　Security 设置

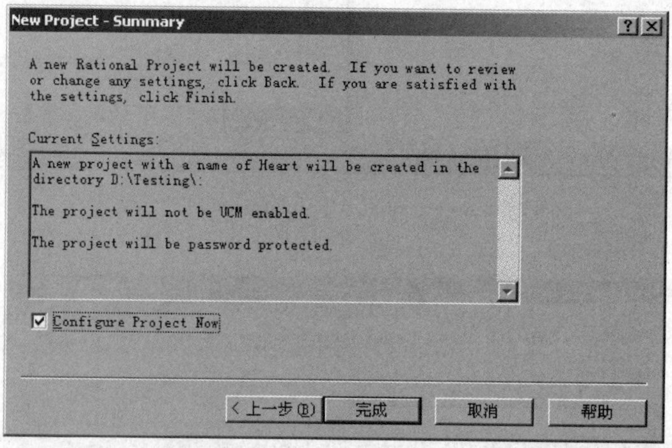

图 11-89　Summary 对话框

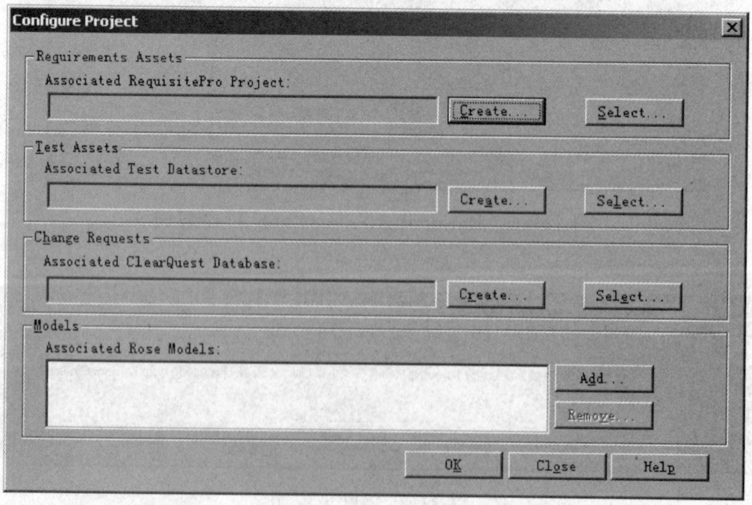

图 11-90　Rational Administrator Configure

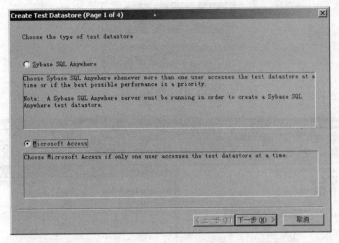

图 11-91 创建数据库

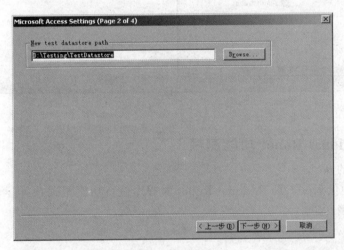

图 11-92 输入路径

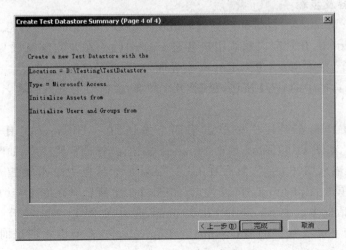

图 11-93 项目建立完成

图 11-94　测试连接

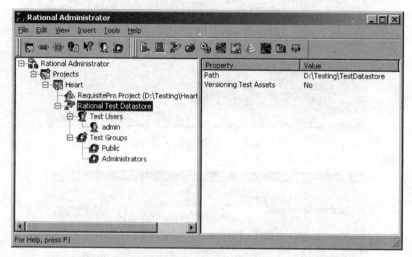

图 11-95　测试结果

实例十　Rational Robot 功能测试

1. 实验目的
学会用自动化测试工具 Rational Robot 对程序进行功能测试。

2. 实验环境
（1）Windows 2008 Server。
（2）Rational Software。

3. 实验内容及步骤
下面以一个 Windows 自带的计算器测试例子，展示 Rational 的功能。

（1）启动 Robot，登录窗口默认用户名是 admin，输入在建立测试项目时指定的密码（默认为空）如图 11-96 所示，进入 Robot 主界面，如图 11-97 所示。

（2）单击工具栏中的 GUI 按钮，录制 GUI 脚本，在窗口中输入脚本名称"计算器"，如图 11-98 所示。

（3）在 GUI Record 工具栏中单击第四个按钮，在 GUI Inset 工具栏中单击 Start Application 按钮，如图 11-99 所示，单击 Browse… 按钮，选择计算器程序，如图 11-100 所示。

（4）从键盘输入"1+1="，然后在 GUI Record 工具栏中单击第四个按钮，在 GUI Inset 工具栏中单击 Alphanumeric 校验点，如图 11-101 所示。在图 11-101 中单击 OK 按钮，在弹出的对话框中选中 Numeric Equivalence 选项，如图 11-102 所示。Alphanumeric 表示捕获及比较字母或数字的值；Numeric Equivalence 表示核实记录时的数据值与回放时是否相等。

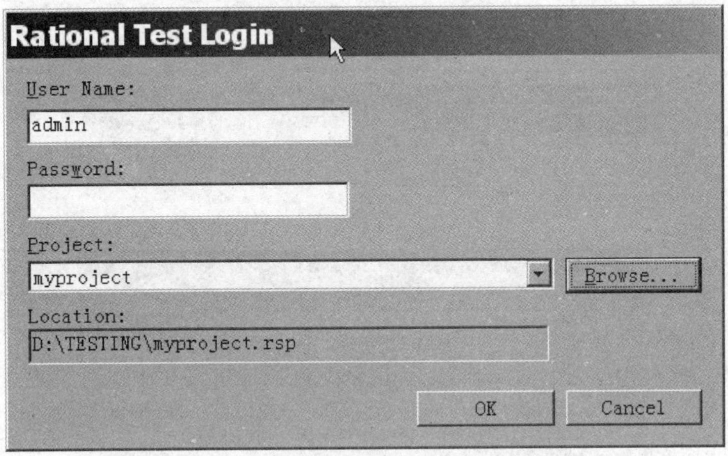

图 11-96 Rational Test 登录窗口

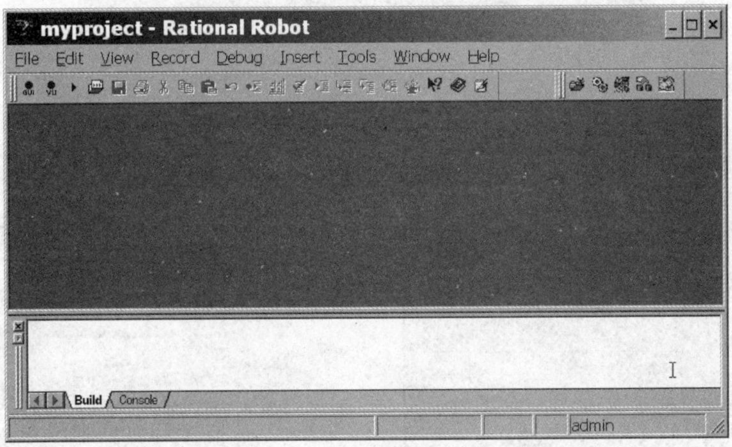

图 11-97 Rational Robot 主界面

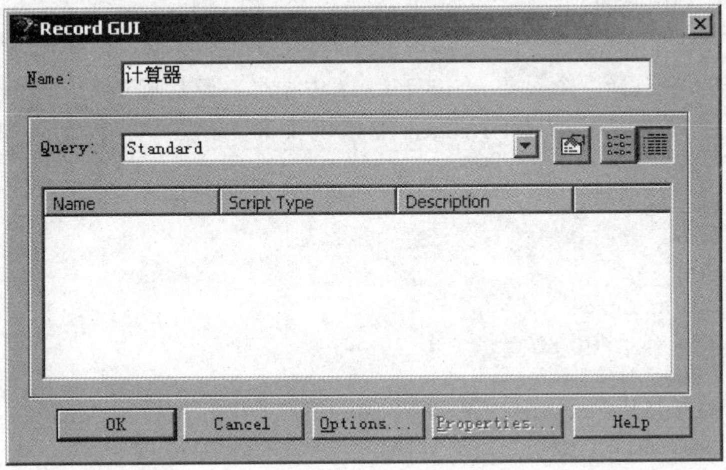

图 11-98 GUI 脚本窗口

图 11-99　GUI 工具栏

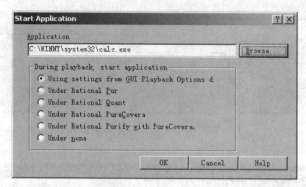

图 11-100　选择计算器工具

 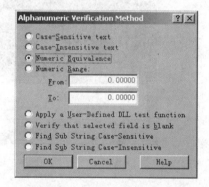

图 11-101　Alphanumeric 校验　　　　图 11-102　Alphanumeric 选项

在图 11-103 中选择一个对象,在图 11-104 中选择对象后确认。

(5) 关闭计算器,单击 GUI Record 工具栏中的 STOP 按钮,完成脚本的录制,如图 11-105 所示。

录制完的脚本如下。

```
Sub Main
    Dim Result As Integer
    'Initially Recorded: 2006-4-29  16:58
    'Script Name: 计算器
    StartApplication "C:\WINNT\system32\calc.exe"
    Window SetContext, "Caption=计算器", ""
    InputKeys "1{+}1{=}"
```

```
        Result = LabelVP (CompareNumeric, "Text = 2.", "VP = Alphanumeric;Value = 200000")
        Window CloseWin, "", ""
End Sub
```

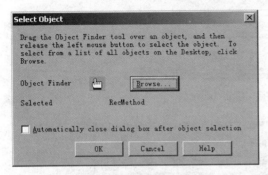

图 11-103　选择对象

图 11-104　确认窗口

图 11-105　录制完成

这个脚本并不能正确回放，需要将 Result = LabelVP (CompareNumeric, "Text=2.", "VP=Alphanumeric;Value=200000")改为 Result = LabelVP (CompareNumeric, "Text=2.", "VP=Alphanumeric;Value=2.")，这样就可以单击工具栏中的回放按钮进行回放，如图 11-106 和图 11-107 所示。

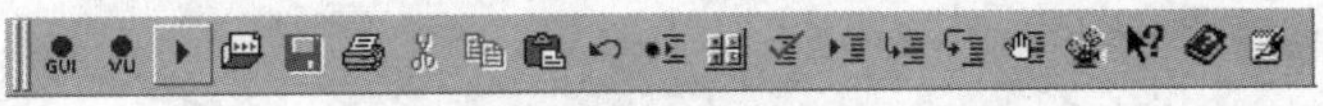

图 11-106　控制工具栏

在 TestManager 显示结果，如图 11-108 和图 11-109 所示。

这个脚本只能验证一组数据，并不能体现出自动化测试带来的便利。需要对脚本进行手工修改，在脚本加入循环结构和数据池(Datapool)，这样就可以实现一个脚本测试大量的数据。

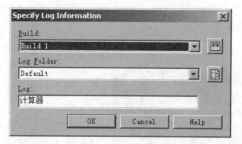

图 11-107　指定 Log

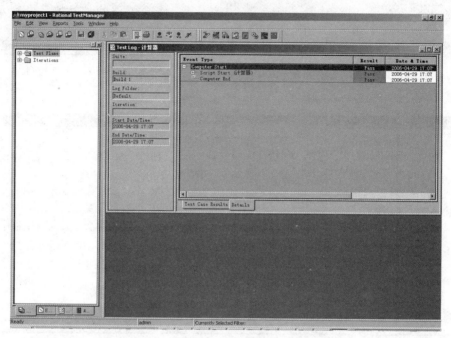

图 11-108　显示结果

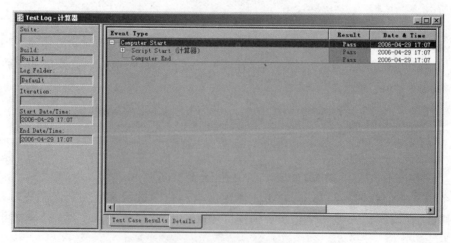

图 11-109　Test Log 结果

数据库 Datapool 是一个测试数据表,它能够在回放期间向脚本传送变量值,适用于自动多次传送不同数据。需要由 Robot 或 TestManager 来创建和维护数据池,不能直接编辑。修改后的脚本如下。

```
' $ Include "sqautil.sbh" '参考 SQAUTIL.SBH 头文件;
Sub Main
    Dim Result As Integer
    dim dp as long         '定义单精度型变量 dp
    dim num1 as string
    dim num2 as string
    dim sum as string
        'Initially Recorded: 2006 - 4 - 29 18:51
        'Script Name: 计算器 - 2
    StartApplication "C:\WINNT\system32\calc.exe"
        dp = SQADatapoolOpen("jsq")      '打开名为 jsq 的 Datapool
    for x = 1 to 5
    Call SQADatapoolFetch(dp)            '从 datapool 中得到一整行的值
'把已得到的一行数据库之中的第 n 个或某列的值赋给一个脚本变量
    Call SQADatapoolValue(dp,1,num1)
    Call SQADatapoolValue(dp,2,num2)
    Call SQADatapoolValue(dp,3,sum)
    Window SetContext, "Caption = 计算器", ""
    InputKeys num1 &"{ + }"& num2 &"{ = }"
        Result = LabelVP (CompareNumeric, "Text = "& sum &".", "VP = Alphanumeric;Value = "& sum
        &".")
    next
    Call SQADatapoolClose(dp)
    Window CloseWin, "", ""
End Sub
```

注意:SQADatapoolOpen("jsq")中的 jsq 为数据池(Datapool)名称,需要在 TestManager 中手工创建。使用 TestManager 创建数据池(Datapool)的步骤如下。

(1) 打开 TestManager,选择 Tools→Manage→Datapools...,如图 11-110 所示。

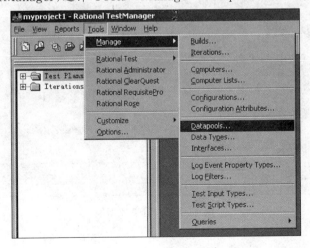

图 11-110　TestManager 窗口

(2) 建立新的 Datapool,命名为 jsq,如图 11-111 所示。

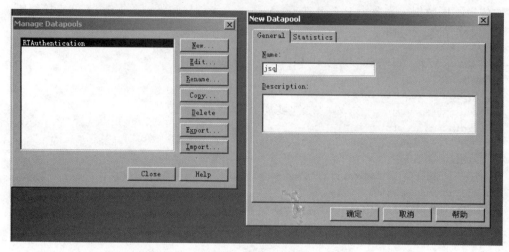

图 11-111　新建 Datapool

(3) 定义数据域(列),如图 11-112～图 11-116 所示。

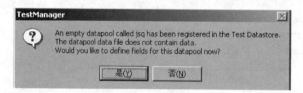

图 11-112　确认窗口

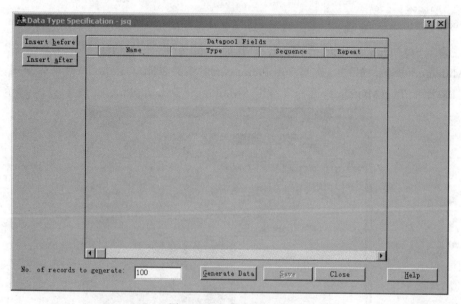

图 11-113　定义数据域

第 11 章　Rational 测试工具及实例分析

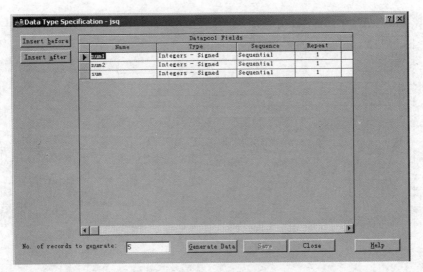

图 11-114　数据类型确认

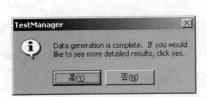

图 11-115　结束确认

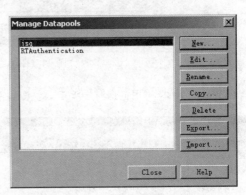

图 11-116　Datapools 管理

（4）输入数据过程如图 11-117 和图 11-118 所示。

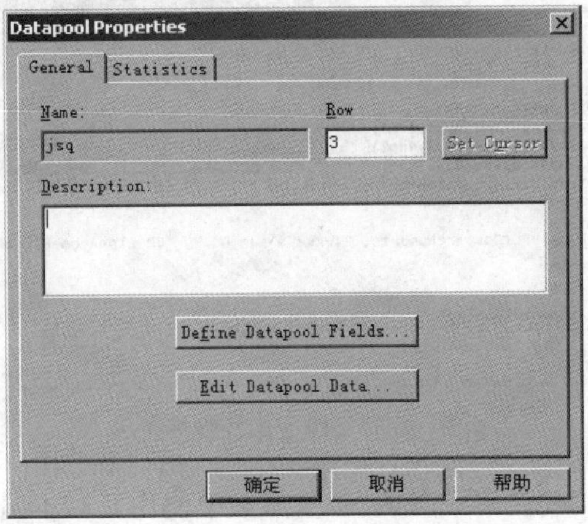

图 11-117　输入数据

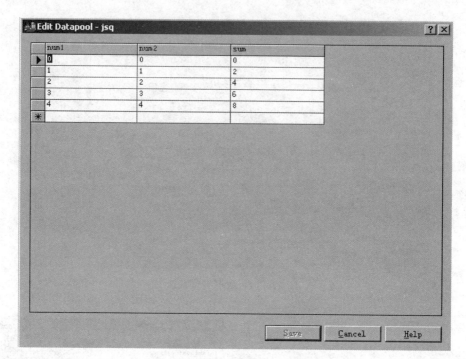

图 11-118 编辑 Datapool

(5) 执行脚本如图 11-119 所示,结果如图 11-120 所示。

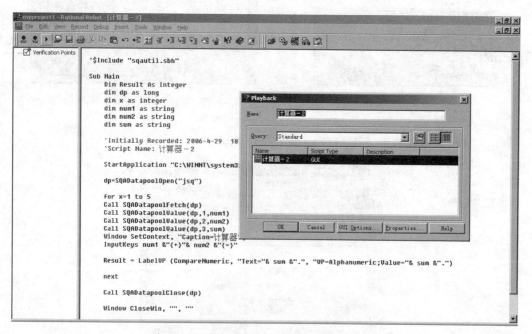

图 11-119 执行脚本

后期将可以在回归测试、集成测试、验收测试中使用此脚本,提高测试效率。

图 11-120　执行结果

实例十一　Rational Robot 性能测试

1. 实验目的

学会用自动化测试工具 Rational Robot 对程序进行功能测试。

2. 实验环境

（1）Windows 2008 Server。

（2）Rational Software。

3. 实验内容及步骤

1）创建性能测试脚本

本节将创建一个基础的虚拟用户(VU)脚本，展示如何使用 Rational Robot 进行性能测试。

使用 Rational Robot 录制 Session，Robot 录制了所有的客户端发送给服务器的请求和从开始录制到停止录制脚本的时间。这个过程仅在 Robot 录制过程中有效。它忽略了 GUI 工作比如键盘和鼠标操作，录制 Session 后，Robot 创建一个适当的测试脚本，当在 TestManager 中运行脚本的时候，它回放录制请求，但是不会回放执行的 GUI 操作和录制时候的操作。

用 http://211.83.32.188:82/网站进行测试，创建一个 VU 脚本模拟用户在"书生之家"主页上进行搜索的操作。打开"书生之家"网站，在页面的左上角搜索区域搜索图书并查看详细信息。

（1）打开 Robot，选择 File→Record Session。在 Record Session 对话框中输入 BookPool-Session One 作为 Session 名字，如图 11-121 所示。

（2）因为可能改变一些默认设置，所以将在录制前验证这些设置，单击 Options 按钮打开 Session Record Options 对话框。单击选中 Generator per Protocol 选项卡，验证协议选择 HTTP 协议，因为 HTTP 协议支持 Transmission，可以录制 Web Servers 和浏览器之间发生的各种命令。验证这个页面的其他选项设置，如图 11-122 所示。

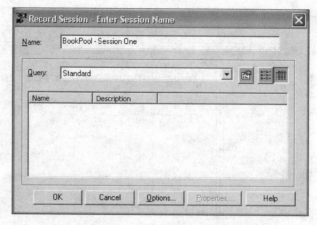

图 11-121　Record Session 界面

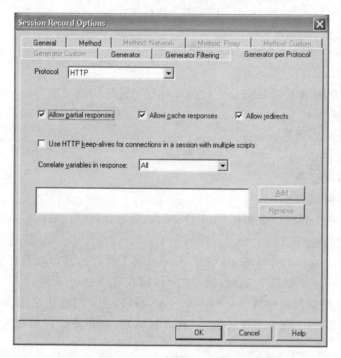

图 11-122　Generator per Protocol 选项卡

(3) 单击选中 Generator Filtering 选项卡,验证 Auto Filtering 复项框是否被选中,除了 DCOM 协议外,所有协议是否被选中(DCOM 是独占协议,不能和其他协议一起被选中),如图 11-123 所示。

(4) 单击选中 Generator 选项卡,验证 Use datapools、Verify playback return codes 和 Bind output parameters to VU variables 复项框是否被选中,选中 Timing 中的 per command 单选框,单击 OK 按钮,如图 11-124 所示。

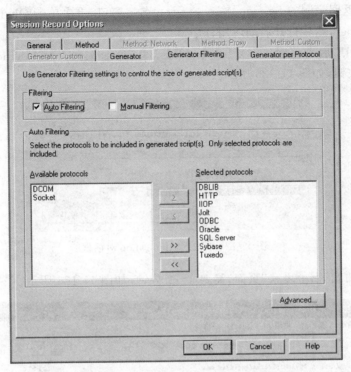

图 11-123 Generator Filtering 选项卡

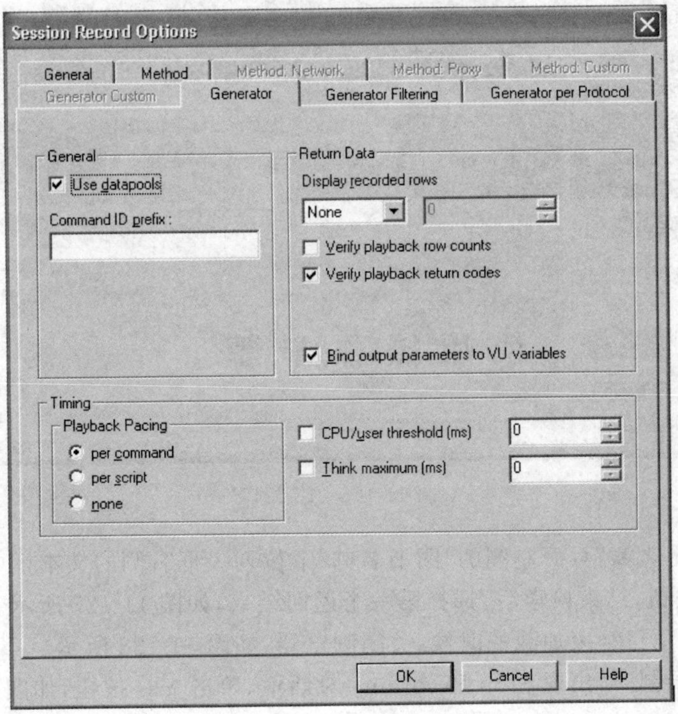

图 11-124 Generator 选项卡

（5）一旦返回录制的 Session，输入 Session 名字窗口，再次单击 OK 按钮。它将启动 Session Recorder，然后打开启动应用程序窗口。

（6）输入 IE 启动路径，写入 http://211.83.32.188:82/stat/logindex.vm 作为参数，单击 OK 按钮，如图 11-125 所示。

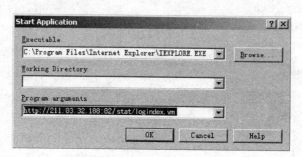

图 11-125　Start Application 对话框

（7）等待加载"书生之家"页面，需要 1～2 分钟，如图 11-126 所示。

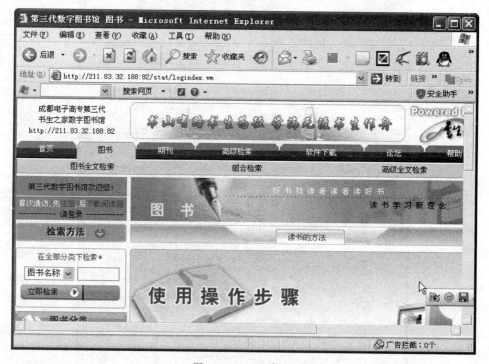

图 11-126　IE 窗口

（8）在"书生之家"页面左侧的"图书名称"下拉列表框右侧的文本框中输入 UML，单击"立即检索"按钮，结束检索后，选择第一个返回结果，如图 11-127 所示。

（9）当选择项目结束加载的时候，关闭浏览器，如图 11-128 所示。

（10）结束录制时，出现 Stop Recording 对话框，单击 Yes 按钮，如图 11-129 所示。

第 11 章 Rational 测试工具及实例分析

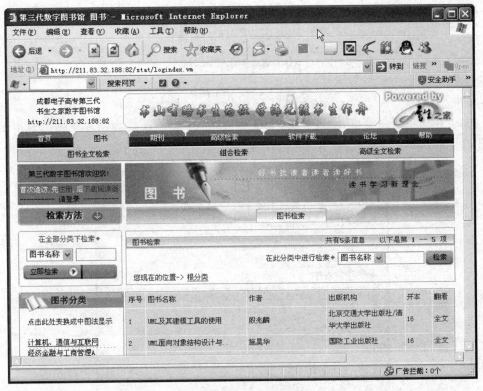

图 11-127 检索结果

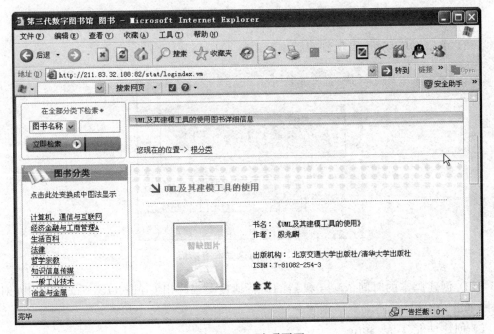

图 11-128 选项页面

图 11-129 结束确认

(11) 在结束录制窗口,输入 BookPool-Search for a book 作为刚才录制的脚本名称,如图 11-130 所示。

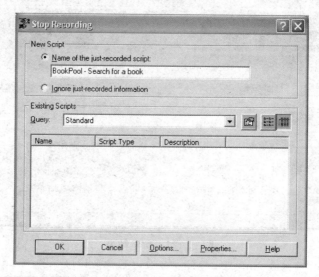

图 11-130 结束录制

(12) 单击 OK 按钮,出现创建脚本对话框,如图 11-131 所示。

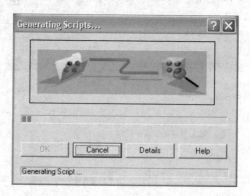

图 11-131 创建脚本对话框

(13) 创建脚本的时间依赖于机器的运行速度。当弹出 Completed Successfully 对话框时,单击 OK 按钮,完成脚本创建。

2) 创建性能 Test Suite

下文将用性能测试向导创建一个自动化 Test Suite。

(1) 打开 Test Manager,选择 File→New Suite,弹出 New Suite 对话框,如图 11-132 所示。

图 11-132 新建 Suite

(2) 在图 11-132 中选中 Performance Testing Wizard 单选框,单击 OK 按钮,弹出 Performance Testing Wizard-Computers 对话框,如图 11-133 所示。

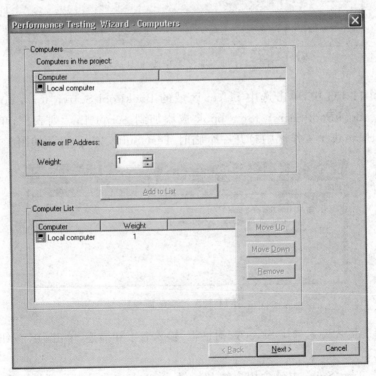

图 11-133 Performance Testing Wizard-Computers 对话框

(3) 在图 11-133 中单击 Local computer 按钮,然后单击 Add to List 按钮,Local computer 出现在 Computer List 列表框中,单击 Next 按钮,弹出选择测试脚本对话框,如图 11-134 所示。

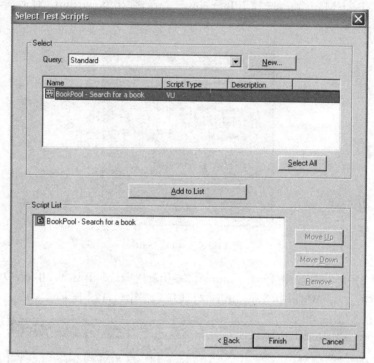

图 11-134 选择测试脚本对话框

(4) 在图 11-134 中,单击选中 Select 区域的 BookPool-Search for a book,单击 Add to List 按钮。BookPool-Search for a book 被添加到 Script List 列表框,单击 Finish 按钮,将在 TestManager 工作区中打开一个临时 Test Suite "Suite 1",如图 11-135 所示。

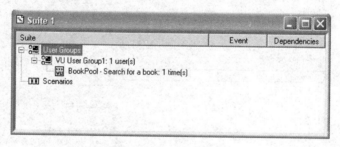

图 11-135 Suite 面板

(5) 选择 File→Save,弹出 Save As 对话框,输入名字和描述,单击 OK 按钮,如图 11-136 所示。

一个性能 Test Suite 中包含用户组和场景,有很多方法可以配置这两个元素,下文将简单介绍 User Groups(用户组),如图 11-137 所示。

User Groups 通常可以在组内用 run-time 设置脚本(后面运行的时候创建的虚拟用户),可以选择用机器来做分布式测试,在机器上面运行那些脚本。

用户组位于根节点,可以加入不同的类型到用户组里,如图 11-138 所示。

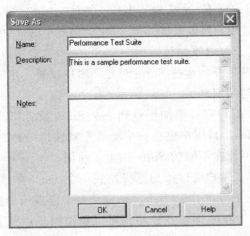

图 11-136　Save As 对话框

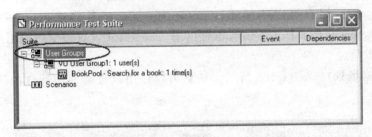

图 11-137　Performance Test Suite 面板

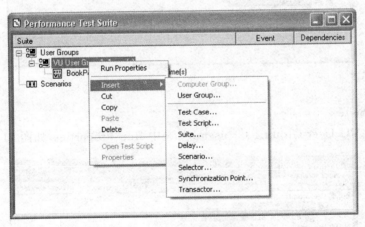

图 11-138　用户组管理

- Test Case,测试用例。测试用例是在一个目标系统中可测试的和可验证的行为。用户可以添加测试用例到 Suite 或者修改已经在 Suite 中的测试用例,用户添加测试用例可以同时运行多个脚本。
- Test Script,测试脚本。用户可以添加测试脚本(工程中的任何脚本)到 Suite 中或者修改 Suite 中已经存在的脚本的 Run Properties 设置(设置脚本执行次数,添加脚本执行之间的延迟,设置 Scheduling 方法)。
- Suite,计算机组。用户可以添加一个 Suite 到另一个 Suite 中(但是不包含用户组)。
- Delay,延迟。用户可以添加延迟到一个 Suite 中或者修改已经存在的延迟的 Run Properties。延迟是开始运行 Suite 时允许用户设置一定的时间间歇,也可以设置 Suite 在特定的时间启动。
- Scenario,场景。用户可以添加场景到一个 Suite 或者修改 Suite 已经存在的场景的 Run Properties。当用户想在一个场景重复使用一系列动作时,可以添加场景到 Suite。场景不能在不同的 Suite 中重复使用。
- Selector,选择器。用户可以添加选择器到一个 Suite 中或者修改 Suite 已经存在的选择器的 Run Properties。Selector 定义每个虚拟用户执行的序列。
- Synchronization Point,同步点。用户可以添加同步点到 Suite 或者修改 Suite 已经存在的同步点并修改同步点的 Run Properties。用同步点同步每个用户的操作,在用户运行期间每个用户执行到特定阶段再进行操作。
- Transactor,用户可以添加 transactor 到 Suite 或者修改 Suite 中已经存在的 transactor 的 Run Properties,也可以用 transactor 设置每个虚拟用户运行期间的任务数量。

Scenarios(场景)如图 11-139 所示。场景可以让用户重新使用特殊的测试配置或者测试场景。

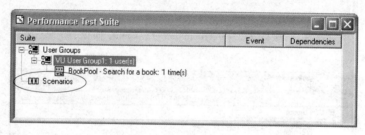

图 11-139　Scenarios

3) 运行 Suite

(1) 右击 VU User Group 1：1 user[s],选中 Run Properties,如图 11-140 所示。

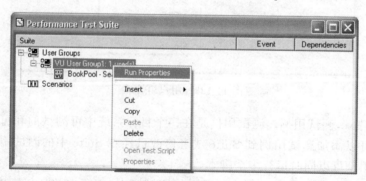

图 11-140　运行 Suite

(2) 设置用户数为 10,单击 OK 按钮,如图 11-141 所示。

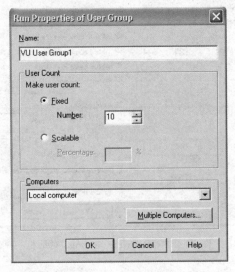

图 11-141　设置用户数

(3) 将在 Performance Test Suite 面板中看到 10 个虚拟用户,如图 11-142 所示。

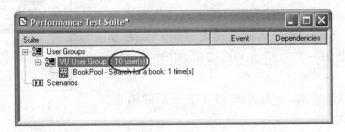

图 11-142　用户管理窗口

下边设置每次启动两个虚拟用户。

(1) 选择 Suite→Edit Runtime,弹出 Runtime Settings 对话框,如图 11-143 和图 11-144 所示。

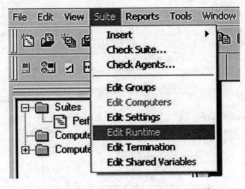

图 11-143　Runtime Settings 目录

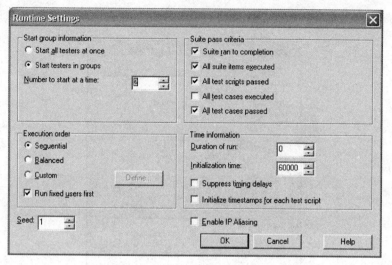

图 11-144　Runtime Settings 对话框

(2) 在图 11-144 中选中 Start testers in groups 单选框，设置 Number to start at a time 为 2，单击 OK 按钮保存更改，如图 11-144 所示。

(3) 右击 Performance Test Suite，在弹出的快捷菜单中选择 Run…命令，运行 Suite，如图 11-145 所示。

(4) 在 Run Suite 对话框中设置虚拟用户数为 5（设置最大用户数的一半），单击 OK 按钮，如图 11-146 所示。

(5) 运行 GUI 脚本，弹出如图 11-147 所示的消息窗口。

图 11-145　运行 Suite

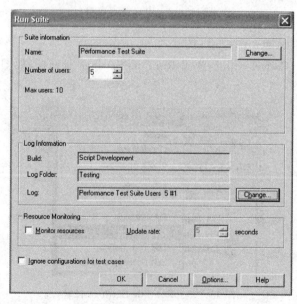

图 11-146　设置虚拟用户数

第 11 章 Rational 测试工具及实例分析

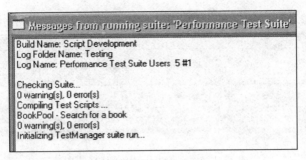

图 11-147 消息窗口

图 11-147 是 Suite 的编译窗口。TestManger 将检查和编译添加到 Suite 中的脚本，如果执行起来有任何问题，将出现提示信息并且 TestManger 将中止运行 Suite。如果一切正常，仅仅几秒钟将显示系统窗口。当停止运行时，这个窗口将最小化并且关闭。当所有类型的窗口打开后，这些窗口将帮助用户监控测试过程和脚本运行状态。

可以用工具栏中的按钮在任何时候停止运行 Suite。

Progress Toolbar 工具栏如图 11-148 所示。

图 11-148 Progress Toolbar 工具栏

工具栏显示脚本运行时间，一定数量活动的用户，一定数量结束的用户。通过 Progress Toolbar 工具栏可以很容易知道计算机非正常停止，并试图查找原因。Progress Toolbar 工具栏右边按钮用于打开不同的视图和柱状图。

图 11-148 中的 Overall Progress View 按钮用于显示详细的测试过程，如图 11-149 所示。

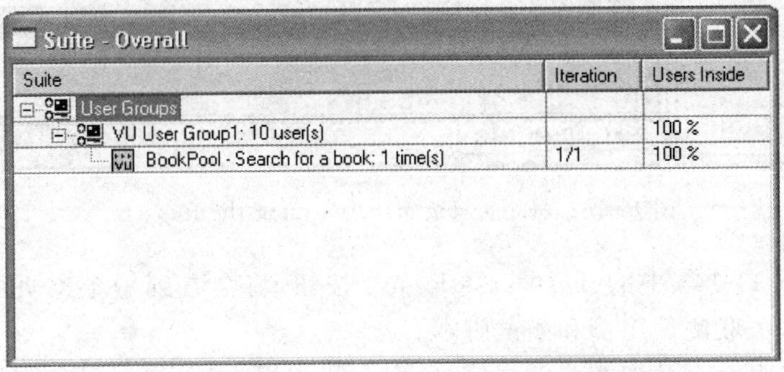

图 11-149 Overall Progress View

图 11-148 中的 State Histogram（柱状图）按钮表示当前计算机发生了什么，也可以显示做分布式测试时的情况，如图 11-150 所示。

图 11-148 中的 Computer View 按钮列举了每个计算机包含的运行的脚本名称和

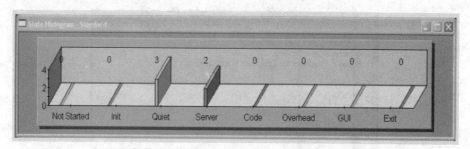

图 11-150 State Histogram(柱状图)

它当前运行的状态,可以看到每个脚本执行,脚本的状态和运行时间,如图 11-151 所示。

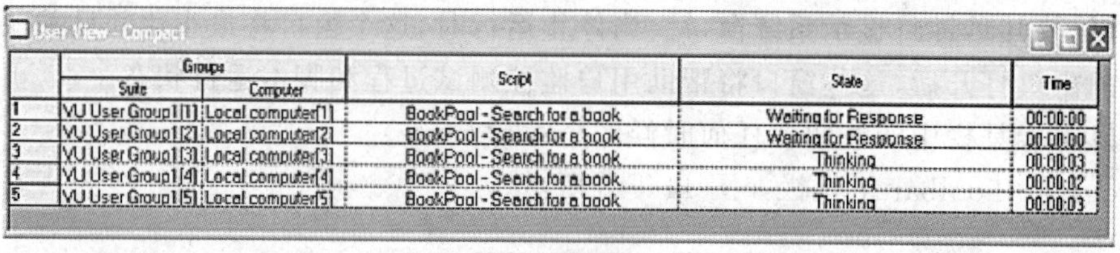

图 11-151 Computer View

单击图 11-148 中的 Reviewing and Analyzing the Reports 按钮,可以查看每个虚拟用户的运行结果,单击相应的用户节点可以查看详细信息,如图 11-152 所示。

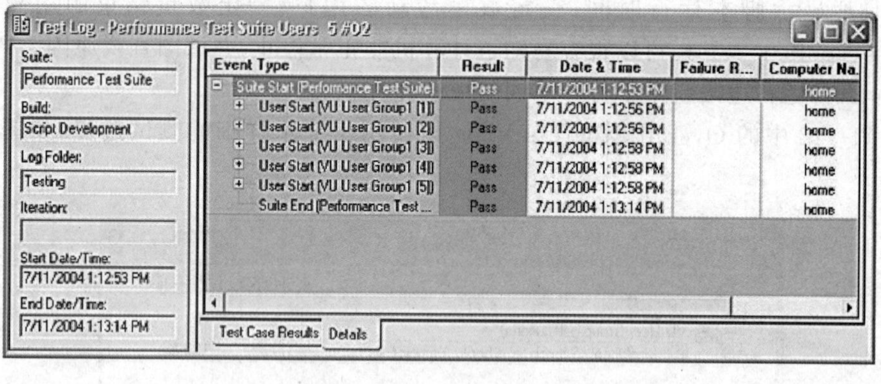

图 11-152 Reviewing and Analyzing the Reports

如果单击图 11-148 中的 Test Case Result 按钮,将会看到一个空页面,因为没有在 TestManager 中关联测试用例和测试脚本。

在执行后打开命令状态报告输出窗口,命令状态报告显示运行所用时间以及命令执行和命令通过与失败的情况,反映了一个 Suite 运行的情况,如图 11-153 所示。

图 11-154 所示为性能报告输出窗口,该窗口显示录制的 Suite 运行每个命令的响应时间,标准方差,不同的百分比。

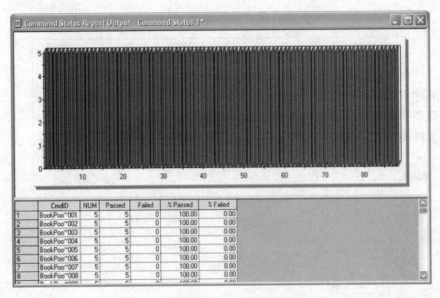

图 11-153　命令状态报告输出窗口

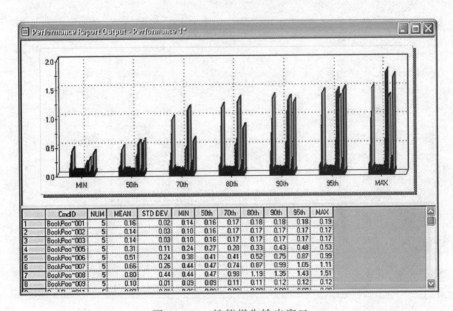

图 11-154　性能报告输出窗口

小结

　　本章主要介了 Rational 测试工具和 Rational 测试解决方案，着重介绍了 Rational 工具的使用方法，通过 11 个案例演示了 Rational PureCoverage、Rational Purif、Rational Quantify、Rational Administrator 和 Rational Robot 的使用方法。通过本章的学习，读者应初步掌握使用 Rational 测试工具进行软件测试的方法。

习题

1. 名词解释：自动化测试、测试管理、测试脚本。
2. 简述 Rational 软件测试流程。
3. 简要介绍 Rational 测试工具。
4. 怎样使用自动化测试工具 Rational Robot 对程序进行功能测试？

参 考 文 献

[1] 杨怀洲. 软件测试技术[M]. 北京：清华大学出版社, 2019.
[2] 周元哲. 软件测试[M]. 2版. 北京：清华大学出版社, 2017.
[3] 姚茂群. 软件测试技术与实践[M]. 北京：清华大学出版社, 2012.
[4] 顾翔. 软件测试技术实战：设计、工具及管理[M]. 北京：人民邮电出版社, 2017.
[5] 滕玮, 钱萍, 刘镇. 软件测试技术与实践[M]. 北京：机械工业出版社, 2012.
[6] Gerald M. Weinberg. 颠覆完美软件：软件测试必须知道的几件事[M]. 宋锐, 译. 北京：电子工业出版社, 2015.
[7] 陈卫卫. 软件测试[M]. 西安：西安电子科技大学出版社, 2011.
[8] 陈明. 软件测试[M]. 北京：机械工业出版社, 2011.
[9] 贺平. 软件测试教程[M]. 2版. 北京：电子工业出版社, 2010.
[10] 李龙. 软件测试实用技术与常用模版[M]. 北京：机械工业出版社, 2010.